光明行 系列丛书

理财与规划

北京市监狱管理局
北京市戒毒管理局 编著

中国政法大学出版社
2025·北京

图书在版编目（CIP）数据

理财与规划 / 北京市监狱管理局, 北京市戒毒管理局编著. -- 北京：中国政法大学出版社, 2025. 3. -- （"光明行"系列丛书). -- ISBN 978-7-5764-1990-0

Ⅰ. TS976.15

中国国家版本馆 CIP 数据核字第 2025SZ9950 号

书　名	理财与规划 LICAI YU GUIHUA
出版者	中国政法大学出版社
地　址	北京市海淀区西土城路 25 号
邮　箱	bianjishi07public@163.com
网　址	http://www.cuplpress.com (网络实名：中国政法大学出版社)
电　话	010-58908466(第七编辑部) 010-58908334(邮购部)
承　印	北京中科印刷有限公司
开　本	720mm×960mm　1/16
印　张	14
字　数	200 千字
版　次	2025 年 3 月第 1 版
印　次	2025 年 3 月第 1 次印刷
定　价	58.00 元

第一版编委会

顾　　　问：范方平　吴佑寿　刘　恒　舒　乙
　　　　　　于　丹　洪昭光　韩玉胜　刘邦惠
　　　　　　章恩友　张远煌　周建武

编委会主任：于泓源

副　主　任：孙超美　魏书良

编　　　委：蔡燕森　张冠群　张志明
　　　　　　宋建国　何中栋　杜文亮

总　策　划：魏书良

策　　　划：王海峰　杨维庆

丛书统筹：李春乙

分册主编：杨　华　董世珍

副　主　编：周建武（特邀）

分册统筹：赵　强

编　　　辑：王　宇　杨　硕　马永华

修订版编委会

顾　　　问：秦　宣　章恩友　林　乾　元　轶
　　　　　　刘　津　许　燕　马志毅　杨　光
　　　　　　吴建平　巫云仙　金大鹏

编委会主任：禹　冰

副　主　任：崔　冰　何中栋（常务）

编　　　委：林仲书　戴志强　董世珍　徐长明
　　　　　　王　宏　赵　跃　徐万富　赵永生

总　策　划：何中栋

执行策划：尉迟玉庆

策　　　划：曹广健　马　锐　练启雄　李春乙

丛书统筹：秦　涛

分册主编：钟　凯

副　主　编：张丽丽

分册统筹：唐学儒

作　　　者：李战友　易　鑫　万志卫

修订版总序

教材是传播知识的主要载体，体现着一个国家、一个民族的价值观念体系。习近平总书记指出："紧紧围绕立德树人根本任务，坚持正确政治方向，弘扬优良传统，推进改革创新，用心打造培根铸魂、启智增慧的精品教材。"监狱作为教育人、改造人的特殊学校，更加需要一套科学系统的精品教材，洗涤罪犯灵魂，将其改造成为守法公民。多年来，首都监狱系统在"惩罚与改造相结合、以改造人为宗旨"的监狱工作方针指导下，始终坚持用心用情做好教育改造罪犯工作，秉持以文化人、以文育人理念，于2012年出版了北京市监狱管理局历史上第一套罪犯教育教材——"光明行"系列丛书，旨在用文化的力量，使人觉醒、催人奋进、助人新生。

丛书自问世以来，得到了司法部、北京市委政法委、市司法局等上级机关和领导的充分肯定，获得了范方平、舒乙、洪昭光等知名专家的高度评价，受到了全国监狱系统同行的广泛关注，得到了罪犯的普遍欢迎，成为北京市监狱管理局科学改造罪犯的利器。这套丛书获得了多项荣誉，2012年被国家图书馆和首都图书馆典藏，《道德与践行》被中央政法委、北京市委政法委列为精品书目，《健康与养成》获得了"全国中医药标志性文化作品"优秀奖等。"光明行"系列丛书已经成为北京市监狱管理局罪犯改造体系的重要组成部分，成为北京市监狱管理局的一张名片，为全面提升罪犯改造质量发挥了重要作用。

党的十八大以来，以习近平同志为核心的党中央高度重视监狱工作，习近平总书记多次作出重要指示，为监狱工作提供了根本遵循，指明了前进方向。特别是随着中国特色社会主义进入新时代，社会主要矛盾发生根本转变，经济生活发生巨大变化，社会形势发生重大变革，全党确立习近平新时代中国特色社会主义思想，提出了一系列治国理政的新理念、新思想、新战略，取得了举世瞩目的成就。近年来，随着刑事司法领域全面深化改革的逐步推进，国家相关法律和监狱规章发生较大调整，监狱押犯构成发生重大变化，监狱机关面临新形势、新任务、新挑战，需要我们与时俱进，守正创新，在罪犯改造的理论体系、内容载体、方式手段，以及精准化水平等方面实现新的突破，以适应新的改造需要。在这样的背景下，北京市监狱管理局以"十个新突破"为指引，正式启动对"光明行"系列丛书的修订改版，进一步丰富完善罪犯教育教材体系，推动教育改造工作走深、走精、走活、走实。

本次修订对原有的《监狱与服刑》《道德与践行》《法律与自律》《劳动与改造》《心理与心态》《回归与融入》6本必修分册，以及《北京与文明》《信息与生活》《理财与规划》《健康与养成》4本选修分册进行更新完善，同时新编了一本《思想与政治》必修分册，以满足强化罪犯思想政治教育、树立"五个认同"的现实需要，使得丛书内容体系更加科学完善。

新修订的"光明行"系列丛书共计160余万字，展现出以下四大特点：一是反映时代特征。丛书以习近平新时代中国特色社会主义思想为指导，反映十几年来社会发展和时代进步的最新成果，将中央和司法部对监狱工作的新思路、新要求融入其中，特别是坚持同中国具体实际相结合，同中华优秀传统文化相结合，对理论及内容进行更新，充分展现"四个自信"。二是彰显首善标准。丛书总结这十几年来北京市监狱管理局改造工作经验，将"十个新突破"及教育改造精准化建设的最新要求融入其中，体现了市局党组和全局上下的使命担当和积极作为，反映了首都监狱改造工作取得的成绩和经验，展现了首都监狱工作的特色和水平。三是贴近服刑生活。丛书立足监狱工作实际，紧扣服刑、改造、生活、回归等环节，贯穿服刑改造全过程，摆事实、讲道理，明规矩、正言行，既供罪犯阅读，也供民警讲授，对罪犯有所启发，使其有所感悟，帮助罪犯解决思想和实际问题。四是适合罪犯学习。丛书更新了大量具有时代性和典型性的故事和事例，以案析理、图文并茂，文字表述通俗易懂、简单明了，每个篇章新增了阅读提示、思考题以及推荐书目和影视作品，使罪犯愿意读、有兴趣、能读懂、易接受，将思想教育做到潜移默化、润物无声。

本次修订改版从策划编写到出版问世，历时一年，经历了内容调研、提纲拟定、样章起草、正文撰写、插图设计、统稿审议、修改完善和出版印刷等大量艰辛繁忙的工作。丛书修订得到了各级领导的大力支持和悉心指导，参与社会专家达到 21 人，参与编写的监狱民警 80 余人，组织召开各类会议 130 余次，问卷调查涉及罪犯 1800 余人次，投入经费 200 万元。我们还荣幸地邀请到秦宣、章恩友、马志毅、金大鹏、林乾、吴建平、元轶、刘津、许燕、杨光、巫云仙等知名专家担任顾问，加强指导、撰写序言、提升规格、打造精品。希望广大罪犯珍惜成果、加强学习、认真领悟、真诚悔过、自觉改造，早日成为有益于社会的守法公民。

在此，谨向付出艰辛劳动的全体编写人员致以崇高敬意，向支持帮助丛书编写出版的同志们及社会各界人士表示衷心的感谢！由于时间和水平有限，难免存在疏漏和不足之处，欢迎批评指正。

"光明行"系列丛书编委会

2025 年 1 月

分　序

作为普通人，你是否有财力和能力开启自己的理财之路呢？答案当然是肯定的。在当今社会，理财是每个人必备的生活技能。投资理财也不是富人的专利，每个普通人都有权利参与进来，为自己的未来生活主动进行全生命周期的科学规划和理性理财。

那么作为个人理财投资者，该如何开启自己的理财之路呢？首先要拥有发掘财富的眼光和思路，因为眼光决定我们的财富，思路决定我们的财路，要善于发现我们身边的财富，同时还要学会识别各种财富陷阱；其次要培养正确的财富观和理财观，用积极的心态去看待和创造财富；再次要细心观察我们身边的财富源泉，不仅要在细微之处发现隐藏的财富，还要在细节中能看到和挣到财富，并能守住我们的财富；最后要练就高的财商，用心、用脑和用智慧去打理你的财富，使你的财富越理越多。

作为个人理财投资者，我们怎样才能拥有正确的理财观呢？走出理财的若干误区是关键，我们要认识到投资理财并不是有钱人的专利，同时也要知道理财并不能让你一夜暴富，但至少你可以通过积极的理财来告别贫穷。正确的理财观比方法本身更重要，理财并不仅是为了"财"，财富的多少也并不代表你拥有的幸福的多少，重要的是让我们的生活更有乐趣，可以享受理财带给我们的生活安定和快乐的人生之旅，让我们的人生更有意义。正如法国作曲家乔治·比才所言："钱不应当是生活的目的，它只是生活的工具。"

每个人也并非天生就具有理财能力，很多人是通过后天的学习和实践，一点一点地积累经验而形成的。在理财过程中，我们设定的理财目标要契合个人能力和现实生活的实际，切勿好高骛远，不能只想着"挣大钱"，而忽视了"赚小钱"的机会。要深刻理解财富源于点滴积累的道理，并认识到时间价值与复利效应才是最有效的点滴理财之道。

正所谓"天下没有免费的午餐"，在理财过程中，各种风险也是相伴而行，理财风险无处不在，个人理财投资者要善于学会识别各种风险，树立科学的风险防范意识，以冷静和理性的投资态度来保护好你的理财利益，并实现可持续的财富增长。

在理财之旅过程中，并不是每天都有惊天动地的财富故事发生，我们面对的可能是一些很平常的财富生活，但这并不妨碍我们在日常生活中运用到一些理财的智慧，如记账的习惯和"小妙招"、财务预算与执行、如何"攒钱"、如何节俭和节能、如何理性消费、如何"省钱"并健康地过日子、如何减少家庭债务，以及怎样合法和智慧地运用税收优惠等。

个人理财之旅也是充满挑战的，无论是"节流"还是"开源"地理财，理财者都必须与金融市场和金融工具打交道，因此在选择适合的投资方式让钱为你工作之时，我们还需要不断充电，学习如储蓄、保险、债券、基金、黄金、股票、期货等不同的投资方式及其利弊的有关理论知识，甚至还要学习如何创业和创造财富之道。看似"条条大路通罗马"，每种投资方式都可以"挣大钱"，但哪种方式都有不同的风险，理财投资者必须有自己的理财规划，掌握基本的理财原则。我们的生活虽然离不开金钱基础，但在注重财富积累的同时，更要关注如何规划好一个更稳定和长远的财富人生。理财之路，道阻且长，且行且思考。

本书是集故事性与科学性于一身的"理财与规划"的通俗读本，通过一些历史故事和生活案例，把理财与规划的有关理论知识融入其中，帮助那些非专业人士了解理财的基本知识，掌握理财的基本原则和方法，理解理财的目的和法商融合的理念，真正领悟"君子爱财取之有道"，以及"不要把所有的鸡蛋放在一个篮子里"的理财哲理。

　　希望本书能够为开启财富人生的个人理财投资者提供一把成功的"钥匙"，助力其谱写丰富多彩和绚烂多姿的理财故事。

中国政法大学商学院教授、博士生导师

2024 年 12 月

目　录

第一篇
开启你的
理财之路

谈到理财，我们常听到"你不理财，财不理你"，但在这个日新月异的时代，理财的智慧已悄然演变。如今，面对更加复杂多变的市场环境，有人笑言："谨慎理财，财或不离你。"踏上理财之旅，可能需要你提前做好一些准备，如带上一双慧眼，一颗平和而坚韧的心，一些注重细节的必备素养……但最重要的，是你对理财的重视与热爱。在这条充满挑战与机遇的理财之路上，用眼光发现价值，用心态抵御风雨，用细节铸就成功，用财商引领未来，用智慧开启属于你的理财新路吧。

【阅读提示】

1. 眼光与思路：正确识别财富机会，拓宽财路，避开陷阱。

2. 积极心态与勤劳：积极心态结合勤劳工作，创造财富。

3. 细节与财商：注重细节，智慧理财，增长财富。

第一节　拥有发掘财富的眼光和思路

一、眼光决定财富

洛克菲勒是美国著名的企业家，他的墓碑文"我们身边并不缺少财富，而是缺少发现财富的眼睛"[1]表达了一种对获取财富的独到见解。在我们周围，许多人在不懈地努力赚钱，但为何只有少数人能够积累更多的财富呢？原因或许就在于他们拥有独到的眼光和正确的思路，能够洞察到别人未曾注意到的机会，提出别人未曾想过的点子。

洛克菲勒出生在一个贫民窟里，他从小就具备善于发现财富的非凡眼光。玩是孩子的天性，小洛克也不例外，但他懂得将别人丢掉的坏玩具捡回来，修好后分给伙伴们玩，并向他们收取 5 美分的费用。短短几天，他就赚回一辆新的玩具车。老师得知此事后，惋惜地对小洛克说："如果你出生在一个富贵人家，一定会成为非常出色的商人，可惜这对你来说永远也不可能实现。不过，如果你能够成为街头的商贩，老师就已经很欣慰了。"

毕业之后的洛克菲勒果真做起了小商贩，他卖过电池、经营过五金店……但无论做什么，他都能够得心应手、游刃有余，老师的预言似乎得到了验证。但令人意想不到的是，洛克菲勒并没有就此止步。

一天，洛克菲勒到一个地下酒吧喝酒，无意中听人说，有一批丝绸因为受到海水的浸染成为"烫手的山芋"。他们想廉价卖掉，却无人问津；他们想要扔掉，却害怕受到环境部门的处罚。于是他们决定把这批丝绸扔进到大

---

〔1〕　〔美〕洛克菲勒：《洛克菲勒留给儿子的 38 封信》，海兰编译，九州出版社 2012 年版，第 76 页。

海里。

洛克菲勒听到后，顿时感觉自己的机会来了，他毫不犹豫地说道，"我可以帮助你们把这批丝绸处理掉"。于是，洛克菲勒把这些被浸染的丝绸制成了迷彩服、迷彩领带和迷彩帽子，很快就销售一空。几乎是在一夜之间，洛克菲勒就拥有了10万美元的财富。

洛克菲勒善于发现财富的故事还有很多，但最让人叫绝的就是，他在临终前，嘱托秘书在报纸上发布了一条消息，"我即将到天堂报到，如有人愿意为逝去的亲人带口信，只需交纳10美元的费用即可"。虽然这一消息荒唐无比，但还是引起无数人的好奇，如果他能够在病床上多坚持一段日子，一定会赚取更多的财富。

与此同时，洛克菲勒还在自己的遗嘱中交代秘书登一则广告，内容为："我是一位绅士，十分愿意和一位有教养的女士同卧一个墓穴，有意者请联系。"结果，一位贵妇人出资5万美元买下与洛克菲勒共葬一个墓穴的权利。[1]

洛克菲勒很会抓住机会，而且敢于尝试新的方法，这就是"眼光决定财富"的意思。他不仅能看出人们心里在想什么，还能发现一些看起来普通但藏着大机会的事情，如帮别人传递去世后的话，或者大家一起用同一个墓穴这样的想法。他不仅打破了老规矩，而且总是用新的角度和办法来创造更多的价值。被誉为"石油大王"的洛克菲勒凭借其独特的眼光和方法，创造了非凡的财富，成为19世纪的亿万富翁。

所以，财富其实并不遥远，重要的是我们得有发现它的眼光。那么眼光如何培养呢？或许我们要多学习经济理论和知识，了解市场发展的情况，还要能提前猜到事情的变化，眼光才能变得像侦探一样敏锐；或许我们还要敢于尝试新东西，灵活应对市场的变化，把好的想法变成现实，找到人们真正需要的东西。这样做了，我们就能在发现财富的路上

---

〔1〕 〔美〕洛克菲勒：《洛克菲勒留给儿子的38封信》，海兰编译，九州出版社2012年版，第20页、第69页、第76页。

越走越稳，不再后悔错过了什么好机会。当有一天你发现自己拥有比以前更独到的眼光，可以更细致地观察和深入思考所遇之事时，或许在不久的将来，你就能发掘属于自己的独特财富机会。

【理财感言】

贫穷的人之所以难以拥有财富，是因为他们的眼光在很多时候只能看到短浅的得失和利益，而富有的人看重的是长远的利益和潜能。短浅的眼光会限制我们的思维和行动。在财富创造和积累的过程中，如果只看眼前利益，而忽视长远发展和潜在风险，那么很容易陷入困境。相反，拥有长远眼光的人能够更好地规划未来，把握机遇，从而实现财富的稳定增长。

二、思路决定财路

拿破仑·希尔是一位成功学大师和畅销书作家，他写过一本畅销书——《思考致富》。每个人在生活中都有机会找到致富的秘诀，这扇门是敞开的，对每个人都是公平的。想要抓住这些机会，我们不仅需要拥有一双慧眼，能从日常中发现那些被忽略的宝藏；我们更需要有清晰的思路，能把隐藏的宝藏变成现实的财富；最重要的是，我们要有勇气按照自己的想法去行动，不怕困难，勇往直前。这样，我们就有可能充分地整合自己手头的资源和能力，让它们发挥最大的效用。

青海省西宁市湟源县巴燕乡元山村有这样一个脱贫户，户主叫刘启祥。近年来，他依靠党的扶贫政策和自己的辛勤努力，成功走上了一条发家致富的幸福路。

刘启祥家中有 6 口人，父母亲均患有长期慢性病，儿子患有紫癜性肾炎，女儿在县城读高二，妻子在县城照顾女儿，一家人的生活重担全压在他一个人身上，2016 年年底刘启祥家被纳入了建档立卡贫困户。

被评定为建档立卡贫困户后，乡村两级干部多次到他家中，宣讲扶贫政策，鼓励他积极发展产业。刘启祥思虑再三，考虑家中妻子必须照顾老人与孩子，无法分出更多时间外出务工，决定用 32 400 元的产业到户扶持资金投资到小卖铺，让妻子可以在照顾老人孩子的同时，经营商店增加收入。同时，刘启祥在外面找到一份客运司机的工作，收入虽不多，但在各项扶贫政策的扶持下，生活有了很大改善。人均可支配收入从 2016 年年底的 3900 多元上升到 8300 多元，顺利脱贫。

2019 年年初，刘启祥在多番考察后，决定发展养殖业。在村委会及扶贫工作队的帮助下，申请"530"贷款 5 万元，整合到户产业发展资金 3 万余元及部分小卖铺收入，收购了 40 只羊。考虑到父母年老体弱，自己又无法放弃客运司机的工作，他决定先与亲戚签订托管代养协议，由小舅子代为养殖。通过两年多的努力，刘启祥也有了一定的经济基础，在看到客运行业的高收入后，刘启祥决定买下一辆海北至西宁的客车，为自己打工。目前，刘启祥仅运输这一项年收入就已达到十几万元。如今，刘启祥家条件越来越好，孩子的病情也有了一定好转，依靠运输业和养殖业的收入，年初他还在县城买了房。[1]

上述例子说明，理财不仅是资金的简单管理，还是通过合理规划和勇于尝试，实现财富增长和风险管理的重要途径。刘启祥在面对家庭困难和贫困挑战时，没有被动地接受命运的安排，而是积极响应党和政府的扶贫政策，主动思考，勇于尝试，通过不断调整和优化自己的致富发展思路，最终实现从贫困户到致富户的华丽转身。

即使是在得知被纳入建档立卡贫困户后，刘启祥也没有坐等政府救济，而是结合家庭实际情况，创新性地利用产业扶持资金开设小卖铺，既解决了妻子无法外出务工的问题，又增加了家庭收入。这是他第一次

---

〔1〕《【基层人物】青海湟源县元山村刘启祥：思路决定出路 幸福全靠打拼》，载 https://www. xuexi. cn/local/normalTemplate. html？itemId=6559421272727859531，最后访问日期：2024 年 9 月 13 日。

思路转变带来的财富效益。

随着家庭条件的初步改善，刘启祥并未满足现状，而是进一步拓宽视野和思路，考察并决定发展养殖业。他巧妙地利用贷款和已有资金，同时采取托管代养的方式，有效地解决了人力不足的难题，再次展现他灵活变通、勇于探索多种致富思路的创新精神。

最后，刘启祥在养殖业初见成效的基础上，又敏锐地捕捉到客运行业的商机，果断投资购买客车，实现了从"为他人打工"到"为自己打工"的重大转变。

在整个脱贫致富过程中，刘启祥不断根据家庭状况、市场需求和政策导向来调整自己的发展策略，用实际行动证明了"思路决定财路"的道理。

【理财感言】

"人的命，天注定"这句俗语在民间广为流传。以这种观点来看，一个人生来能否拥有财富，要看上天的安排，有些人看似穷困潦倒，却能得到意外之财；有些人风光无限，也会从天堂掉进地狱……这个世界有太多的不确定因素，何必去苦苦追求那些命中注定不属于你的东西呢？

在这种消极想法的影响下，他们往往安于现状，不思进取，不会留意身边的财富机会。我们在理财过程中，既要培养长远的眼光，仰望星空，怀揣梦想，又要清醒认知自身状况、市场需求和政策导向，进而积极思考，不断调整规划自己的发展策略，一步一个脚印地走在财富发掘之路上。相信你的脚踏实地和艰辛付出会有越来越好的结果！相信你有机会与财富相拥！

三、发现身边的财富

一位投资者曾说：财富从哪儿来的呢？答案是劳动。没有生产，就没有财富。[1]众所周知，我们的产品之所以能创造财富，是因为他们拥有市场、受到消费者的欢迎。鉴于每个产品的供需状况都在不断变化之中，因此，发现并积累财富的关键在于——培养敏锐的洞察力以及精准把握市场机会的能力。

蚯蚓是钓鱼最常用的饵料之一，被称为钓鱼"万能"饵，备受垂钓爱好者的喜爱，因此市场需求量很大。在河南省驻马店市平舆县辛店乡黄寨村，一位名叫王阳的村民就看准了这一商机，把蚯蚓养殖做成产业，"蚓"出一条致富新路子。

2024年7月9日，在平舆县辛店乡黄寨村蚯蚓养殖基地的大棚内，养殖户王阳和村民们正忙着采收蚯蚓，然后打包发往武汉。据他介绍，2022年，他从网络上得知蚯蚓养殖效益高、风险低、市场需求量大，养殖也相对简单，于是萌生了养殖蚯蚓的想法，并到外地实地考察学习。之后，根据本村实际情况，在村干部的帮助下，他开启了养殖蚯蚓的致富之路。

谈起蚯蚓养殖的收入，王阳给记者算了一笔账，牛粪成本是每吨30元左右，加上人工成本、大棚租赁费用，按照每年采收12~14茬，每座大棚可获利2万元左右，他的6座养殖大棚一年能赚10多万元，收入相当可观，还能带动周围10多位村民务工。

值得注意的是，王阳采取的是生态循环养殖方法，牛粪发酵后投入蚯蚓苗，20天后就可以采收。牛粪经过蚯蚓的"大快朵颐"变成蚯蚓粪，而蚯蚓粪又是土壤改良介质，有保水保肥、营养全面的特点，广泛用于花卉、蔬菜、水果等的种植和水产养殖。这种生态循环养殖方法既解决了牛粪污染环境问题，又可以变废为宝，获取可观的收入。

在辛店乡黄寨村党支部书记黄银生看来，蚯蚓养殖的确是个好产业，门槛低、上手快，不仅为村民提供致富门路和就业岗位，还推动了

---

〔1〕 傅海棠论述、沈良主编：《投资真相 傅海棠演讲集》，中国经济出版社2020年版，第59页。

村集体经济的发展。[1]

王阳的故事是发现身边财富并成功转化的典范。他敏锐地捕捉到蚯蚓养殖的市场需求，通过实地考察学习，结合本地资源，开启了生态循环养殖之路。这一模式不仅高效利用牛粪资源，还变废为宝，生产出市场紧缺的蚯蚓饵料及优质蚯蚓粪，实现经济效益与环保的"双赢"。

更重要的是，王阳的成功并非"独善其身"，他积极带动村民参与，为当地创造就业机会，促进了村集体经济的发展。这种"一人富带动全村富"的效应，彰显了个人奋斗与社会责任的完美结合。

王阳的故事启示我们：身边处处有商机，关键在于我们是否具备敏锐的洞察力、务实的行动力和创新的思维去发现和实践。同时，个人的成功也应与社会福祉紧密相连，通过带动他人共同致富，实现更大的社会价值。

在现实生活中，赚钱的方式和发现身边的财富不仅局限于商业活动。除了投资和创业，看准一个行业，选择一份好职业，同样是很好的赚钱方式。除主要职业外，从事副业或者兼职，你也可以发现不少可以增加额外收入的来源，如果你拥有某种独特的知识产权（专利、商标和版权等），你还可以授权或销售这些资产来获得收入。此外，遗产与赠与也是一些人获得财富的途径之一。当然，合理的理财规划是让你发现的身边财富不断增值的重要方式。通过制订和执行有效的理财计划，你可以更好地管理自己身边的财富，并实现资产的保值增值。

你会发现，你身边的财富来源是多种多样的，每个人都可以根据自己的兴趣、能力和风险承受能力来选择适合自己的财富增长方式。同时，我们需要注意

> **文化讲堂**
>
> 理财不仅是寻找远方的金矿，还是细心挖掘身边的宝藏。
>
> ——谚语

---

〔1〕《平舆县：牛粪养殖钓鱼"万能"饵　生态循环"蚓"出致富路》，载 https://share.hntv.tv/news/0/1811996867332218881，最后访问日期：2024 年 9 月 16 日。

到，财富的增长需要时间和努力，需要我们在不断学习和实践中不断提升自己的理财能力和智慧。

【理财感言】

生活中的每个细节都可能蕴藏着财富增值的契机。无论是创新的商业模式，还是身边财富资源再利用，都可能是我们实现财富增长的不同方式。因此，让我们保持敏锐的洞察力，用心感受生活的每个瞬间，相信在不经意间，你就能开启通往财富的大门。

四、识别财富陷阱

我们要善于发现身边的财富、珍惜现有资源、运用勤劳和智慧去创造更加美好的未来。但有时候看起来好像是财富的机会，背后实则陷阱重重。"天上不会掉馅饼"这句话告诉我们一个朴素而深刻的道理：任何看似轻易可得的好处往往隐藏着不可告人的秘密。我们要擦亮眼睛识别财富陷阱，避免盲目跟风和冲动决策。

从前，有一位农夫，他的生活十分贫困，除有一块贫瘠的土地外，他几乎一无所有。于是，农夫整日幻想自己能够拥有一块钻石，只要有一块，他就可以摆脱现在的穷困潦倒，过上富足安逸的生活。

有一天，农夫听一位神秘的先生说："某处有一块土地下面埋藏着一颗价值连城的钻石，只要你能够找到它，就可以拥有享用不尽的财富。"农夫听后马上就把自己仅有的那块土地以低廉的价格卖给邻居，然后带着全部家当远走他乡，开始自己漫长的寻宝之路。农夫翻山越岭，走南闯北，历尽千辛万苦，挖了成千上万块土地，期望能够找到埋藏钻石的地方，直到囊中空空，盘缠用尽，他依然没有找到梦寐以求的钻石，农夫绝望之余，在一片幽深的树林里结束其生命。

就在农夫自杀的那天晚上，当初买下农夫土地的那位邻居在农夫的地里散步，无意间发现一块闪闪发光的石头。他好奇地将石头捡起，发现这块石头荧光闪闪，在皎洁的月光下折射出耀眼的光芒，经过仔细研究，邻居确定这块异样的石头居然是一块货真价实的钻石。邻居变卖了那颗钻石，从此过上了优越的生活。[1]

在这个例子中，农夫之所以走上绝路是中了"财富幻觉"的陷阱，他犯了三个错误：一是盲目跟风和缺乏判断力，轻信传言，未经验证即做出重大决策，缺乏理性和常识；二是忽视现有资源，未认识到已有土地资源的价值及潜力；三是风险意识薄弱和缺乏对未知计划的评估风险，用举家搬迁和倾家荡产的方式盲目开始未知项目，最终导致人生悲剧。

而农夫的邻居发财的关键因素：一是珍惜土地资源，买入农夫土地经营，没有听信传言去寻宝；二是细心观察和留意日常生活中不起眼之物，意外发现钻石；三是发现钻石后迅速变现，并过上优越的生活，避免误入财富的陷阱之中。

在探索财富增长的旅途中，"入市有风险，投资需谨慎"这句老话如同灯塔，时刻提醒着每一位财富探索者。曾几何时，市场上理财产品多以保本为卖点，给予投资者一份看似稳固的安全感。然而，随着金融

---

〔1〕　参见〔美〕R. H. 康韦尔：《钻石宝地》，刘荣跃译，湖南文艺出版社 2010 年版，第 24 页。

市场的日益成熟与复杂化，这种"保本"的承诺逐渐淡出舞台，取而代之的是更加市场化、风险与收益并存的理财新生态。

这一变化既是挑战又是机遇。要求我们在追求财富增长的同时，必须练就一双慧眼，学会在纷繁复杂的市场信息中辨别真伪，理解并接受投资本身蕴含的不确定性和风险。每一笔投资，都是对未来的一种预判与下注，而风险正是这场游戏中不可或缺的一部分，犹如硬币的正反面，如影而随。

我们要保持警惕与理性，面对可能存在的欺骗，并学会识别出各种诱惑和陷阱。这就要求我们不仅要对投资产品本身有深入的了解，还要对发行机构、市场环境乃至宏观经济发展趋势有全面的认知。只有这样，才能在遇到诱惑时保持清醒，避免盲目跟风投资，落入他人精心布置的圈套。

与此同时，转变理财观念也是识别财富陷阱不容忽视的一环。从原来依赖保本产品，到拥抱风险与收益并存的理财产品，意味着我们需要培养更加成熟和稳健的投资心态，谨记"天下没有免费的午餐"，设定合理的收益预期，做好风险防范和管理，坚持长期投资的理念。只有这样，我们才能在市场的起伏变化中稳住阵脚，逐步积累财富。

【理财感言】

理财之路虽充满未知与挑战，但只要我们保持谨慎、理性与坚持，就一定能够在风险与机遇并存的市场中拥有发掘财富的眼光和正确思路，找到属于自己的财富增长之路。

思考题

1. 除了眼光和思路，发掘财富还靠什么？

2. 刘启祥和王阳的成功秘诀是什么？

3. 想一想，如何避开财富陷阱？

第二节 积极的心态是获得财富的关键

一、心态既决定命运也决定财富

拿破仑·希尔曾在《积极心态的力量》一书中说："积极心态具有改变人生的力量。"[1]其实，心态不仅决定个人命运，还决定一个人能够获得财富的多少。换句话说，我们对待财富的心态，往往在很大程度上影响着财富对我们的回馈方式。

从前，有两个学识渊博的秀才一起到京城赶考，路上遇到一队出殡的人，他们正抬着一副棺材往坟地走。两个秀才都看见了这幅场景，其中一个秀才说："咱们真倒霉，好不容易到了京城，却偏偏遇上出殡的人家，这次科举一定糟糕透了！"这个秀才心中越想越气，觉得自己的仕途肯定无望了，一路上都愁眉苦脸的，直到开考的时候还是垂头丧气的，结果他的成绩非常差。

而另一个秀才的心态比较好，他想："我既然能够遇见抬棺材的，那就是说我既能升官，又能发财了……"他越想心中越兴奋，一路上都兴奋无比，开考之后，他看了题目，更觉得这是文曲星在帮他，结果成为当年的状元。[2]

---

〔1〕 ［美］拿破仑·希尔、N. V. 皮尔：《积极心态的力量》，刘津译，四川人民出版社2000年版，第12页。

〔2〕 李茜：《秀才与棺材》，载《新农村》2004年第5期。

这个故事引出一个重要的主题——心态。心态，简而言之，就是我们面对周遭世界时，内心那份能动性的反应，是心灵与客观事物相遇后，逐渐孕育并持续演变的一种心理状态。它如同指南针，深深影响着我们的行为和思考方向。

当我们谈及财富的追求时，心态的作用更是不容忽视。可以说，是否拥有积极向上的心态，往往是决定我们能否收获财富的关键。回顾那些成功者的足迹，不难发现，他们无一不是以乐观、坚韧的心态，勇敢地面对人生的每一个挑战。反观那些在生活中屡屡受挫的人，他们往往被消极、悲观的心态所束缚，难以迈出改变现状的步伐。

因此，这个故事提醒我们，要想在生活中取得成就，赢得胜利，获取财富，就必须学会及时调整自己的心态，让它成为推动我们前进的力量。让我们以积极的心态去面对每一个挑战，相信自己的能力和潜力，勇敢地追求自己的梦想和目标。这样我们才能在人生旅途中，不断发现新的机遇，创造更加美好的未来。

【理财感言】

心态对理财真的很重要！心态好，碰到困难也不慌，相信自己能解决，机会一来就抓住，钱袋子慢慢就鼓起来了。要是心态不好，总觉得自己不行，一有挑战就想放弃，那赚钱的机会可能就从眼皮子底下溜走了。所以调整好心态，多往好处想，这样才能发挥自己的优势，事如所愿，心想事成！

二、积极心态是创造财富的基础

在探索成功致富的奥秘时，我们往往会发现，那些站在财富巅峰的人，他们的共同点是，不仅具有精明的商业头脑，或偶然遇到好运，更重要的是他们内心深处那份坚定不移的积极心态。正如阳光能驱散阴霾，积极心态也是开启财富之门的金钥匙，不仅是个人成长的催化剂，还是创造和积累财富不可或缺的基础。

被誉为"股神"的沃伦·巴菲特是伯克希尔·哈撒韦公司的CEO，也是世界上最成功的投资者之一。他的成功不仅来自其卓越的投资眼光和策略，也离不开他积极和乐观的心态。

一是面对挫折的积极态度。巴菲特的投资生涯，并非一帆风顺。他也经历过投资失败和市场低迷的时期。然而，巴菲特总是能够从失败中吸取教训，保持积极的心态，继续寻找下一个投资机会。这种积极面对挫折的态度，让他能够在逆境中不断成长，最终积累起巨大的财富。

二是长期视角与乐观信念。巴菲特的投资哲学强调长期持有优质股票，而不是短期投机。这种长期视角要求投资者具备乐观的信念，相信未来的市场会朝着更好的方向发展。巴菲特始终对市场充满信心，即使在最困难的时候也不放弃。他的这种乐观心态，让他能够坚持自己的投资策略，最终获得丰厚的回报。

三是积极向上的持续学习态度与自我提升。巴菲特对学习的热爱和追求也是他成功的重要因素之一。他不断阅读、学习新知识，提升自己的投资能力和判断力。这种积极的学习态度，让他能够紧跟时代步伐，把握市场机遇。同时，他乐于分享自己的知识和经验，帮助他人实现财富增长。

四是回馈社会与传递正能量。巴菲特不仅关注自己的财富增长，还积极回馈社会。他通过捐赠大量财富给慈善事业，帮助那些需要帮助的人。这种积极回馈社会的行为，不仅展现了他的高尚品德，也传递了正能量和积极的生活态度。他的这种精神也激励了无数人努力奋斗，以积极的心态面对生活。

沃伦·巴菲特的成功充分证明积极心态在创造财富中的重要作用。无论是面对挫折的积极态度、长期视角与乐观信念、持续学习态度与自我提升，还是回馈社会与传递正能量，都体现出他积极的心态和卓越的领导力。这些品质不仅帮助他在投资领域取得巨大成功，也为我们提供了宝贵的创造财富的启示和经验借鉴。

积极的心态能够激发个人的行动力和创造力。当心情愉悦和积极向上时，个人会更加乐观、自信并且有动力去追求目标和机会，这是获得财富的重要前提。

积极向上、心情愉悦的人往往能够给他人留下积极、可信赖的印象，有利于建立积极的人际关系网络。良好的人际关系网络可以为个人提供更多的商业机会和资源，从而有助于财富的积累。

在追求和创造财富的过程中，个人难免会面临各种挑战和困难。积极的心态可以帮助人保持头脑冷静和乐观地面对问题。它能帮助我们寻找解决问题的办法，从中吸取经验教训，这是保持财富积累动力和坚韧性的关键所在。

积极的心态会产生积极向上的能量，从而营造出一个积极向上的家庭和工作环境的气场，有助于吸引财富的流入和获得更多创造财富的机会。

三、积极心态、勤劳工作与获取财富

勤劳工作是一个人在工作中付出努力、勤奋刻苦的行为，是获取财富的重要途径。无论从事体力劳动还是脑力劳动，我们只有不懈地努力和付出，才能创造出真正的价值，进而实现财富的积累。通过勤劳工作，我们不仅能够获得稳定的收入来源，满足基本的生活需求，还能够不断提升自己的技能、经验和人脉，为未来的职业发展打下坚实的基础。

积极心态是勤劳工作的动力源泉。一个积极向上的人，往往能够以更加饱满的热情投入到工作中，面对困难与挑战时也能保持坚韧不拔的毅力。这种心态不仅有助于提高工作效率，还能激发创新思维，为财富的积累创造更多可能性。

勤劳工作能够反过来强化积极心态。通过努力工作，个人能够获得成就感、自信心和满足感，这些正面情绪会进一步巩固和增强积极

心态。

积极心态和勤劳工作相互促进，形成良性循环。积极心态促使人更加勤奋地工作，而勤劳工作带来的成果又让人更加积极乐观，从而在工作和生活中取得更好的表现。所以，积极心态与勤劳工作是获取财富不可或缺的两个要素，共同构成了成功获取财富的重要基石。

【理财感言】

想要变得更有钱，仅靠运气是远远不够的，更重要的是你怎么看待和处理那些可能到来的钱。"不会赚钱可能只是暂时没钱，但不会规划钱，那可就一辈子穷了！"想象一下，你现在有很多钱，房子、车子都有，但如果你挥霍无度，不存起来也不投资，只知道享受，总有一天钱会花光的。

如果你有个积极向上的好心态，你就会想着怎么让钱生钱。你会把现有的钱投到一个好项目里，然后赚更多的钱。而且你相信只要努力，就会有回报。这样一来，你的钱就会像滚雪球一样越滚越大！所以，好心态真的是赚钱和守钱的前提和基础，不仅让你看到机会并做出明智的决定，也让你的钱越来越多，生活越过越好！

思考题

1. 当你身处困境，遇到财务低谷，你会怎样调整自己的心态？

2. 在日常生活或工作中，你觉得有哪些重要因素可以助力自己财富增长？

3. 有人说勤劳工作积累不了财富，你怎么看？

第三节　财富从细节中来

一、小细节隐藏大财富

老子曾说过："天下大事，必作于细。"成功的机会常常就隐藏在细微之处[1]。

美国有一个名为杰伊的房地产经纪商，他经常会用闲暇的时间去一间咖啡屋里喝奶茶。因为奶茶的温度很高，这让他每次喝时，都会拿起餐巾布来垫在上面。但是这次的他好像并没有多么幸运，因为餐巾布打滑，还没等他把玻璃杯送到嘴边，奶茶就被打翻了，溅在腿上把他烫伤。这时的他非常生气，但是让他想到了一个非常好的商机。因为盛奶茶的杯子太热了，才使他没有办法拿好。他想，为什么不能做一些漂亮的隔热装置呢？因为每天都有数以万计的人在喝咖啡、牛奶、奶茶之类的饮品，所以如果有这样的隔热装置的话，市场是非常广阔的。这一想法对他的诱惑是巨大的，为此他放弃了自己房地产经纪人的职业，很快开了一家箔纸板设计工作室，开发出一种"爪哇隔热罩"。不久，这座城市所有的咖啡馆都开始使用这一款产品，后来随着接踵而至的广告宣传，全国各地的订单络绎不绝。直到现在，他研发出来的"爪哇隔热罩"每个月的销售量都在 450 万只以上。

从上述例子可知，这位商人在享受日常咖啡时光时，不慎因高温奶茶杯滑落而被烫伤，但这瞬间的遭遇却激发了他的商业灵感，他的创业故事证明了从细微处着手，也能开创大事业的道理。

---

〔1〕　牛锐：《天下大事必作于细》，载《初中生辅导》2017 年第 10 期。

作为现代理财者，我们深知成功与失败往往取决于对细节的敏锐捕捉与把握。在这个信息爆炸、机遇与挑战并存的时代，财富的种子可能潜藏于日常生活的每一个角落。它不会主动敲门，而是需要我们保持好奇心与洞察力，主动去挖掘、去创造。

【理财感言】

在这个机遇稍纵即逝的时代，财富的获取不仅考验我们的敏锐度和行动力，还考验我们能否对细微之处进行观察和领悟。无论出身和背景如何，其实每个人都有平等的机会去发现和创造财富。关键在于我们是否能在平凡中发现非凡，在细微中洞察到商机。因此，我们要培养一双能够在细微之处发现财富的慧眼，并保持对生活的热爱与关注，这是通往财务自由的重要路径。真正的智者，总是能在日常琐碎中发现重大价值，将每一次的不便转化为创新的火花。让我们都成为那个有心人，时刻准备着，从生活的点滴中捕捉财富的踪迹，为自己的人生增添更多的色彩与可能。

二、在细节中看到财富

要超越他人，必须在每件细微之事上倾注心力，这句话在一定范围内是被广泛认同和理解的。对许多人而言，细节往往被忽视，然而，正是这些细节成为决定大事成败的关键。要想洞察生活中的财富，就需要做具备敏锐洞察力的有心人，从身边的每个细节中捕捉那些潜藏着的巨大财富机遇！

王洪怀原本与城中的众多拾荒者无异，每日手提蛇皮袋，穿梭于大街小巷，忍受着路人异样的目光，只为从垃圾桶中翻寻可卖废品以维持生计。尽管辛勤工作，但所得仅勉强够一家温饱，生活的困顿让他迫切渴望改变现状。

意外发现：某日，王洪怀在拾荒过程中，除常见的矿泉水瓶外，还意外捡到几个易拉罐。与同伴不同，他敏锐地察觉到易拉罐可能蕴含的潜在价值，因为市场上易拉罐饮料的价格通常高于塑料瓶饮料。这一发现激发了他的好奇心和探索欲。

深入探究：带着疑问，王洪怀将易拉罐拆解并尝试熔化，得到的金属块让他感到好奇却困惑不解。为揭开谜底，他特地将金属样本送至沈阳市检验中心进行专业化验，结果令人惊喜，这些易拉罐是由贵重的镁铝合金制成的，当时的市场价格不菲。

抓住商机：意识到这是一个巨大的商机后，王洪怀不顾周围人的质疑和反对，毅然决然地贷款建立专门的熔炼易拉罐的金属加工厂。他采取优于市场价的策略，积极与同行签订长期合作协议，迅速收集到大量原料，加工厂门前的易拉罐堆积如山。

迅速崛起：不到一年，王洪怀的工厂成功生产出数百吨铝锭，产品卖出后所获利润丰厚，不仅迅速偿还了贷款，还实现了可观的盈余。凭借这份胆识与细心，他仅用三年便完成从贫困拾荒者到身家数百万企业家的蜕变，实现令人瞩目的财富梦想。[1]

王洪怀的故事是一个关于观察、勇气、创新和坚持的典范。他通过细心观察生活中的细节，敢于挑战常规，勇于探索未知，最终抓住了改变命运的机遇，实现了自我价值的飞跃和财富的创造。

在细微的尘埃里挖掘财富的真谛，核心在于拥有锐利的洞察之眼与雷厉风行的行动力。我们需精心培育这份敏锐的感知，让它在日常的每一刻都能捕捉到那些稍纵即逝的机遇之光。勇于踏入未知的疆域，以无畏的精神揭开每一个可能隐藏的宝藏。

当细节中隐藏的大财富的机遇悄然降临，我们应以深思熟虑的头脑，对其进行透彻地分析与考量，确保每个决策都建立在坚实的事实与理性的判断之上。而在此刻，果断的执行力则如同利剑出鞘，帮助我们

---

[1] 刘凤鸣：《财富思维导图》，中国商业出版社 2020 年版，第 32 页。

精准无误地把握那转瞬即逝的商机，不让任何一丝可能成就财富的火花熄灭。

更重要的是，我们必须保持一颗永不停歇的学习之心，勇于创新，不断适应市场的风云变幻，才能在激烈的竞争中屹立不倒，持续保持领先的优势。

总而言之，财富的秘密往往就潜藏在那些看似微不足道的细节之中。只有那些细心观察、勇于探索、深入分析并果断行动的人，才能真正揭开这层神秘的面纱，创造出属于自己的财富传奇，让梦想照进现实。

【理财感言】

财富不会凭空而来，需要我们主动去寻找、准备和把握。关键在于敏锐地洞察时代趋势，并深入细节之中，寻找潜藏的财富机遇。那些细心观察、不放过每一个细微之处的人，往往更容易获得财富的青睐。坚持自己的目标和梦想，勇于迎接挑战，财富的机遇就会自然而然地与你相遇，为你的生活增添无限可能。

三、在细节中守住财富

时任海尔公司总裁的张瑞敏说过："把简单的事做好就不简单，把平凡的事做好就不平凡。"海尔公司能够从一家资不抵债和濒临倒闭的集体小工厂成长为一家引领物联网时代的生态型企业非常不容易。公司要求每个员工每天对每件事进行全方位控制和清理，做到"日事日毕，日清日高"，这是海尔关注经营中的细节和守住财富的重要制度。

通过关注细节，企业可以持续创造和守住财富。对于个人而言，保住自己的钱很重要，而要做到这点，就得注意生活和工作中的小细节！

洛克菲勒所创建的标准石油公司在19世纪末是一家垄断美国石油

业90%的巨头企业。在这样的规模下，即使是微小的成本节约也能带来显著的经济效益。

洛克菲勒在巡视工厂时，注意到油罐包装的一个细节——工人用锡焊封油罐时，一般加40滴焊锡。他敏锐地意识到这里可能有节约的空间，于是提出一个看似微不足道的建议：试试在焊缝时只用38滴焊锡。然而实验结果显示，这样做虽然可以节省焊锡，但会导致油罐偶尔漏油，因此并不可行。

洛克菲勒并没有放弃，他进一步建议工人尝试使用39滴焊锡。经过实验发现，这个数量既能保证油罐的密封性，又能有效地降低焊锡的使用量。

因此，标准石油公司将在焊缝时原来的40滴焊锡改为39滴。这个小小的改变，在单个油罐上看起来微不足道，但考虑标准石油公司的巨大产量，它所带来的成本节约是非常可观的。[1]

这个故事展示了洛克菲勒作为一位杰出企业家的精明和远见。他能够从最细微的环节入手，通过不断优化和改进，实现企业的长期利益最大化。同时，这也提醒我们，在商业运营中，任何微小的节约都可能累积成巨大的利润。因此，我们应该时刻保持对细节的关注，不断探索和尝试成本节约新方法。

【理财感言】

理财不仅是宏观的投资计划，更在于日常生活中的点滴积累。每一分节约都是对财富的尊重与增值，每一个细致决定都引领人攀上财富高峰。理财应融入生活的每个角落，从细微处着手，方能聚沙成塔，成就非凡。

---

〔1〕［美］洛克菲勒：《洛克菲勒留给儿子的38封信》，海兰编译，九州出版社2012年版，第128页。

思考题

1. 在生活工作中，哪些小细节藏着财富机会？举例并说明利用方法。

2. 发现财富机会但遇到挑战，如何制订行动计划克服？

3. 日常中有哪些浪费财富资源的现象？请设计细节管理节约方案。

第四节　财商成就财富

一、财富就在你的头脑之中

《富爸爸穷爸爸》一书的作者罗伯特·清崎最早提出了财商的概念，本意是"金融智商"，是指一个人与金钱（财富）打交道的能力，与智商和情商被列为现代人三大不可或缺的素质。他认为，财商关乎钱为你工作的效率与持久度。财商高的人，即使开始贫穷，也能变富；财商低的人，钱再多也会耗尽变穷。财商，作为个人在经济社会中的生存与发展能力，其重要性不言而喻。

在黑龙江省密山市的白鱼湾镇白泡子村，有一位被大家亲切地称为"鸭蛋姐"的农民——潘振华。她的故事就像一首田园交响曲，充满了奋斗与希望，体现了财商素质。

每天清晨，当第一缕阳光洒向兴凯湖畔，潘振华就开始了她忙碌的一天。她不仅是一位勤劳的农民，而且是一位勇于尝试新事物的电商主播。她的养殖场里，700多只鸭子在蓝天白云下悠闲地觅食，它们以兴凯湖的鱼为食，产出的鸭蛋品质上乘，绿色环保。

起初，潘振华也遇到过许多困难。由于缺乏经验和技术，鸭蛋的产量并不高，销路也成问题。但她没有放弃，白天忙碌于农活和养殖，夜晚则埋头于书本和网络，学习养殖知识和电商技巧。在妇联的帮助下，她更是如虎添翼，不仅掌握了养殖技术，还学会了如何通过直播将自家的绿色鸭蛋销往全国各地。

随着时间的推移，潘振华的直播间越来越热闹，她的粉丝数量也急剧增长。每当她拿起一枚鸭蛋，对着镜头展示那像果冻般清澈的蛋清时，总能引来一片赞叹。她的"老门湖边鸭蛋"也因此成为网络上的热销产品，不仅畅销北上广深等大城市，还带动了整个村庄的经济发展。

如今，潘振华不仅自己走上了致富之路，还积极带动村里的妇女一起参与电商销售。她们在潘振华的带领下，学会了如何通过网络平台展示和销售自家的农产品，共同走上增收致富的道路。潘振华的故事，就像一股温暖的春风，吹遍了白泡子村的每一个角落。[1]

潘振华充满财商色彩的故事告诉我们：

突破与创新：潘振华突破了传统的销售方式，敏锐地捕捉到电商直播的商机，创新性地利用互联网平台推销自己的绿色鸭蛋。她不仅突破自己的认知局限，自学养殖技术，还积极参加电商培训班，不断提升自己的营销能力和网络直播技巧。

勤奋与坚持：面对初期的困难和挑战，如鸭蛋产量低、销路不畅等，潘振华没有选择放弃，而是凭借一股不服输的韧劲，白天忙农活、喂鸭子，夜里学习"充电"。

资源整合与利用：潘振华充分利用白泡子村得天独厚的自然条件，养殖绿色鸭蛋，并借助妇联的帮助和支持，获得技术、资金和销售等多方面的资源。同时，她还与当地渔船合作，拓展带货品种。

带动与共享：在自身取得成功的同时，潘振华不忘回馈社会，积极带动村里的妇女一起走上电商之路，共同致富。她不仅为精准脱贫户提供就业机会，还在电商培训班上担任讲师，传授自己的经验和技巧。这种乐于分享、共同发展的精神，进一步体现了她头脑中的财富观念。

潘振华的故事充分展示了突破与创新、勤奋与坚持、资源整合与利用，以及财商在创造财富过程中的重要作用。她用自己的实际行动证明了"财富就在你的头脑之中"，只要敢于尝试，勇于创新，以及具有基本的财务知识和投资战略、了解市场的供求情况和法律规章制度，经过

---

〔1〕《潘振华："鸭蛋姐"吹响致富冲锋号》，载 https://www.xuexi.cn/lgpage/detail/index.html？id＝15046678236386489167&amp；item_ id＝15046678236386489167，最后访问日期：2024 年 9 月 17 日。

自己的不断努力，就能够实现财富的积累和增长。

【理财感言】

财商是管理金钱的能力，不是单纯有钱，而是钱生钱且能持久赚钱；财商是经济生活中的生存智慧，涵盖赚钱敏锐度和综合经济能力。"财富在头脑之中"的内涵涵盖了财商、创新精神、决策能力、勤奋努力以及正确的价值观和心态等多个方面，强调个人能力和内在素质在财富创造和积累过程中的决定性作用。

二、用智慧打理你的财富

当一个人能够赚取超过你 10 倍的收入，而投入的工作时间并未显著增加时，这往往意味着他们采取了与你截然不同的策略或方法。面对身边人纷纷实现购房、购车的小目标，而自己似乎仍在原地踏步时，我们应当避免抱怨环境或他人，转而深刻自省：在追求财富的过程中，自己是否充分发挥了智慧的作用，探索并实践更为高效和创新的路径？

一个大财主把自己的一部分财产托付给了他的三个仆人进行保管和运用。三个仆人各得到一份金币。拿到金币之后，财主对他们说："你们要妥善保管这些金币，一年之后我会看你们的表现的。"说完财主就离开了。

第一个仆人拿到金币之后想了很久，决定进行各种投资；第二个仆人则用自己得到的金币买了各种原料来制造商品出售；第三个仆人为了安全起见，把自己得到的金币埋在了树下。一年之后财主回来了，他召

见三个仆人，要检查他们一年来的成果。前两个仆人的金币都增加1倍以上，财主非常满意。但是最后一个仆人的金币没有丝毫的改变，他是这样解释的，"主人，我担心运用不当而让您的金币遭受损失，所以我就把它们埋起来了，今天我原封不动地还给您"。财主大怒，"你这个愚蠢的奴才，竟然不知道好好利用给你的财富"。

这个仆人之所以受到财主的责备，不是因为他乱用金钱，也不是因为投资遭受了损失，而是因为他根本就没有思考如何利用好自己的财富。[1]

这个故事告诉我们：财富得靠智慧去驾驭。前两个仆人让金币翻倍，这就是智慧的光芒在闪耀；而第三个仆人，保守过头，机会就这么溜走了，还被财主训了一通。所以，如果是你，在守护财富时，也得动动脑筋，让智慧发挥作用。不仅要开动脑筋想着怎么去创造财富，找机会开源，还要在日常生活中精打细算，管理好手头的每一分钱，实现节流增收。

在这个快节奏的时代，我们身边不乏高收入却囊中羞涩的"月光族"，也有收入平平却积蓄满满的朋友。秘诀何在？我们一起看看一位普通白领的"省钱秘籍"：选实惠车，拼车减负；远离烟酒，自带午餐；网购保险，巧用优惠券；珍惜婚姻，健康第一；购房不租，避开促

---

〔1〕 宿春礼、袁祥编译：《塔木德：犹太人经商和处世圣经》，万卷出版公司2006年版，第70页。

销诱惑；购物前先比价。这张清单不禁让人深思：节流，真是门大学问！这位白领运用自己的生活智慧，把有限的财富打理得井井有条。

对上班族来说，节俭就是变相地赚钱，是理财的必修课。我们所说的节俭，并非倡导吝啬，而是提倡用智慧去管理我们的钱财，确保每一分钱都花得物有所值。记住，每笔开销都值得三思，因为"钱生钱"的魔法就藏在这些细节中。

智慧与财富总是手牵手。勤奋思考，用心经营，财富自会向你招手。而那些幻想着不劳而获的，最终只会空欢喜一场。人生路上，有人财务自由，有人温饱难继，差别往往在于是否愿意用智慧去创造和守护财富。当你开启财富之旅时，智慧这把钥匙要伴随而行。

【理财感言】

在理财的旅途中，我们首要的是点亮内心的财商之灯，让智慧的光芒温暖地照耀每一笔财富。不再盲目跟从，而是用心灵去感知，用智慧去规划。每一份投入，都蕴含着对未来的期许；每一次决策，都闪耀着理性的光芒。让我们以负责任的态度，用智慧精心打理每一笔财富，共同书写属于我们的财务自由篇章。

三、会理财才会使财富越来越多

在当今社会，经济学家常常观察到一种现象，人们因忙于应对生活琐事，而忽视解决金钱问题的根本方法。多数人甚至不愿花费片刻时间思考如何致富，以及为何他们从未这样做。然而，"你不理财，财不理你"的观念正逐渐深入人心，人们开始更加关注如何通过理财实现财富的增值。

理财本质上是个人或家庭的一项重要人生规划，旨在通过合理利用资金，使个人及家庭的财务状况达到最佳状态，从而提升生活质量。理财并非富人的专属领域，也非专业人士的专利，而是与每个人的生活息息相关。比如，有些人每月的收入足以支撑两个月的生活开销，但剩余的资金未能得到妥善管理，最终白白流失。若能利用这些闲余资金学习理财知识，或许能带来令人意想不到的收获。

随着收入水平的提高，许多人仍局限于将钱存入银行的传统理财方式。然而，在发达国家，理财被视为一项至关重要的教育内容。例如，英国政府规定儿童从 5 岁起就需在学校接受"善用金钱"的教育，旨在培养他们的金钱意识和理财能力。7 岁以后，孩子们则需学会管理自己的零花钱，并制订预算计划。这种全民关注的理财氛围，无疑为我们提供了宝贵的借鉴。

面对"富人越富，穷人越穷"的论调，我们应认识到，财富的积累在很大程度上取决于个人的能力和选择。在机遇来临时，把握住它并合理运用理财策略，任何人都有可能摆脱贫困，走向富裕。对于那些经济条件有限的人来说，学会理财无疑是改变现状的有效途径。

我们不仅要努力去赚钱，更重要的是要学会理财，以实现财富的进一步增长。选择适合自己的财富管理中心至关重要，因为每个人的精力、知识和风险承受能力都是有限的。因此，我们不仅要掌握赚钱的方法，还要学会如何通过理财来积累和保护财富。

在理财过程中，科学合理的规划至关重要。从经济学角度来看，将每月税后收入的一部分用于理财投资是普遍认可的策略，关于具体比例，如30%~50%，这一范围虽在某些情境下被提及，但其适用性需根据个人的实际情况灵活调整。这些资金可根据家庭实际情况进一步细分为大项支出、风险准备金、投资及保险等多个部分。投资方式多种多样，包括证券、外汇、基金等，但选择时需谨慎考虑自身风险承受能力和投资目标。

此外，理财的安全性也是不容忽视的。我们应选择正规、有资质的金融机构进行合作，并仔细阅读合同和协议内容。同时，对于金融顾问的建议应保持理性判断，避免盲目跟从。在涉及资金交易时，务必确保所有流程符合法律法规要求，以保障自身权益不受侵害。

总之，学会理财是实现财富稳健增长的重要途径。通过不断学习和实践，我们可以逐步提高自己的理财能力，为未来的生活奠定坚实的经济基础。

【理财感言】

随着社会经济的发展，收入水平的普遍提升，人们不再满足于温饱，更追求高品质的生活。理财观念也随之日益成熟，成为许多人管理财务、规划未来的重要手段。然而，值得注意的是，仍有一部分人深陷"月光族"的困境，难以积累财富；同时，更多人因缺乏足够的理财安全意识和风险管控能力，而容易陷入诈骗陷阱。因此，我们不仅要积极学习理财知识，树立正确的理财观念，还要强化风险意识，掌握风险管控的方法。这意味着，在追求理财收益的同时，需深刻理解并准确把握理财的规律，尤其是注重长期稳健的收益，而非盲目追求短期的高回报。只有这样，我们才能在理财的道路上稳步前行，确保财富积累实现稳健增长，为未来的美好生活奠定坚实的经济基础。

思考题

1. 潘振华的成功故事，如何启发我们在不同领域中运用智慧创造独特价值并实现财富增长？

2. 如何根据自身情况制订科学合理的理财规划？

3. 科技如何改变我们的理财方式和习惯？

推荐书目

1.《财务自由之路》，博多·舍费尔著，刘元译，南海出版公司2010年版。

2.《巴比伦富翁的理财课》，乔治·克拉森著，比尔李译，中国社会科学出版社2005年版。

3.《个人理财规划》（第4版），柴效武、李林编著，北京交通大学出版社、清华大学出版社 2024 年版。

4.《财富管理》，许荣、徐星美、张俊岩、方明浩编著，中国人民大学出版社 2023 年版。

推荐电影

《成为沃伦·巴菲特》（2017 年），彼得·W. 孔哈特执导。

第二篇
拥有正确的理财观念

你是否有过因为囊中羞涩而舍不得给家人买礼物的经历？你是否曾经因为手头的拮据而放弃一次渴望已久的旅行？拥有财富可能是所有人的梦想，但真正能实现这个梦想的人又偏偏不是大多数人。著名的"二八理论"告诉我们，世界上80％的财富集中在20％的人手中。然而，财富不是某些人的专利，这个世界没有永远的富人，也没有永远的穷人。只要我们不断地学习，持之以恒地奋斗，树立正确的理财观念，就一定能找到通向财富之门的那把钥匙！

【阅读提示】

1. 理财不是有钱人的专利，走出理财的误区，积极理财告别贫穷。

2. 树立正确的理财观，设置合理的理财目标，满足生活保障和精神需求。

3. 善用财富的时间价值和复利效应，学会识别理财风险，不断积累财富。

第一节　走出理财的误区

一、投资理财不是有钱人的专利

许多理财专家对于理财所持有的意见大致是：理财绝对不是有钱人的专利，但"你不理财，财不理你"。如果你的钱本来就不多，那就更需要学会合理地理财。我们都知道"钱生钱，利滚利"的道理，如果不是有钱人，就更应该用手中不多的富余金钱进行投资理财，只有这样才能够让自己的财富越来越多，生活越来越美满！

在日常生活中，作为工薪阶层的我们有许多人持"投资理财是有钱人的事"和"等我有钱了再想理财的事吧"等错误观念。大家普遍认为，每月固定的工资收入在应付日常生活开销后就所剩无几了，哪来的余财可理呢？"理财投资是有钱人的专利，与自己的生活无关"仍是一般大众的想法。

事实上，越是没钱的人越需要理财。举个例子，假如你有10万元，但因理财错误，或遭遇重大变故，而造成财产损失，很可能会立即危及你的生活保障。相比之下，拥有百万、千万、上亿身家的有钱人，即使理财失误，损失一半财产也不致影响其原有的生活水平。因此，我们必须树立一个观念：不论贫富，理财都是伴随人生的大事。在这场"人生经营"的过程中，越穷的人就越输不起，对理财更应要严肃而谨慎地去对待。

其实，在我们身边，一般人光叫穷，时而抱怨物价太高，工资收入的增长赶不上物价的涨幅，时而自怨自艾，恨不能生在富贵之家，或有些愤世嫉俗者轻蔑投资理财的行为，认为那是追逐铜臭的"俗事"，或把投资理财与那些所谓的"有钱人"画上等号，并以自己的价值观加以贬抑……殊不知，这些人都陷入了矛盾的逻辑思维，一方面深切地体会到金钱对生活影响之巨大，另一方面却又不屑于追求财富的聚集。

理财应该"从第一笔收入、第一份薪金"开始，即使第一笔的收入或薪水在扣除个人固定开支之后已经所剩无几，也不要低估微薄小钱的聚敛能力，100万元有100万元的投资方法，1000元也有1000元的理财方式。绝大多数的工薪阶层可以从储蓄开始累积资金，坚决不做"月光族"，不论收入多少，除去必要的基本生活消费后，都应先将每月薪水分出固定的一部分存入银行，而且保持"不动用""只进不出"的原则，如此才能为财富积累打下一个初级的基础。假如一个家庭坚持从每月收入中拿出1000元存入银行，暂且不算利息，20年后仅本金一项就达到24万元了，如果再加上利息，数目将更加可观。因此，"滴水穿石，聚沙成塔"的力量不容忽视。

当然，如果嫌银行定存利息过低，而节衣缩食之后的"成果"又稍稍可观，那么可以考虑多元化理财，以避免"把所有的鸡蛋放到一个篮子里"。但需要特别注意投资对象的信用问题，刚开始不要为高收益所惑，对潜在的风险要有清醒的认识。

总之，千万不要忽视"小钱"的力量，就像懂得充分运用零碎的时间一样，时间一长，其效果就自然惊人。最关键的是要有一个清醒而正确的认识，走出理财的种种误区。

【理财感言】

目前，多数人以自己是工薪阶层或者是收入微薄为由，总是秉持着"有钱人才有资格谈理财"的观念而认为自己与理财无关。这种想法无疑是错误的。因为在芸芸众生中，真正有钱的人毕竟只占少数，中产阶层、工薪族、中低收入百姓仍占绝大多数。事实上，投资理财是与生活紧密相关的事，需要理财的并不仅是有钱人，没钱的人也是需要理财的。越是没有钱的人或者初入社会的人群，越应该正视理财这件人生大事。即使你现在的经济状况并不理想，也要知道"聚沙成塔""集腋成裘"的道理，一旦走出理财误区，就很可能会成为你"翻身"的契机！

二、别想通过理财一夜暴富

理财必须花费长久的时间，短时间是看不出效果的。想通过理财实现一夜暴富，这几乎是不可能的事情。理财对于个人而言应该是一个循序渐进的过程，任何想通过理财实现一夜暴富梦想的人终究只能是痴心妄想！

2023 年 10 月，张先生在微信上交了一个自称"靓妹"的好友，几天之后二人成为无话不谈的网上好友。某日张先生无意间发现"靓妹"在炒股，而且手段高明非常赚钱。一次偶然的机会，"靓妹"称

自己有事让张先生帮她操作自己的炒股账户，张先生点击"靓妹"发送过来的链接，进入"靓妹"炒股账户，账户显示"靓妹"已经赚了几十万元。张先生心动不已，也想炒股赚钱，就向"靓妹"提出加入，开始"靓妹"犹豫不想让张先生加入，这让张先生更加相信这是赚钱的好机会，早就将防范二字抛到九霄云外，百般请求"靓妹"教他炒股，禁不住张先生的请求，"靓妹"就帮助张先生申请了一个炒股账户，张先生开始投资 3000 元，时间不长赚了几百元，后来在"靓妹"的引导下，张先生陆续将自己全部资产 20 余万元进行投资。几日后

"靓妹"见张先生确实无钱再投入，就将对方拉黑，张先生也登录不上那个炒股软件了，这时才发现自己被骗，但为时已晚，多年积蓄顷刻全无。[1]

上述例子说明，一些不法分子通过微信等社交软件先取得受害人的信任，再以"高回报""高收益"为诱饵诱骗受害人进行投资，一旦心动参与了，就可能落入投资理财一夜暴富的骗局。"天上不会掉馅饼"，一夜暴富是陷阱，我们一定要提高警惕。从张先生的惨痛教训中，我们不难看出没有经过周密的筹划，就贸然将全部资金孤注一掷，这种赌博式的投资方法是万万不可取的。我们应当清醒地认识到理财规划是合理地规划自己的资金，使其能满足个人不同人生阶段的财富需求，而不是错误地认为掌握了理财知识就等于得到一个取之不尽、用之不竭的"聚宝盆"。

我们不要奢望从理财中一夜暴富。如果我们只是掌握了一些投资理财的知识，并在实战中初战告捷，便把自己幻想为"股神""金融天才"，更有甚者把房子抵押或借钱，背负着身家性命杀入金融市场进行所谓的投资理财，那就违背了理财的初衷。这样的人很可能一败涂地、万劫不复！

【理财感言】

"天上不会掉馅饼""天下没有免费的午餐"是每个人应该明白的常识性道理。尽管投资理财可以帮助我们实现财富人生，但对个人理财的正确理解应该是指通过分析家庭的实际财务状况，为实现个人及家庭理财目标而进行合理规划的一个综合过程。理财的功用和真谛在于，如何让资产稳定增值，让钱稳定生钱；如何通过合理的家庭资产搭配组合，

---

〔1〕《投资理财类诈骗｜走错"致富"之路，小心一夜暴"负"》，载 https://mp.weix-in.qq.com/s/VTKhoFImzBogk2z510YRWw，最后访问日期：2024 年 9 月 18 日。

保障整个家庭生活的正常运转，抵御和降低意外风险；如何让你年轻时赚钱、攒钱，退休和老年时花钱。因此，通过理财，并不能让人发财，更不能一夜暴富，理财可以积累财富，能给人带来稳定且有保障的生活。

三、积极理财才能告别贫穷

老人告诫身边的年轻人时，总会说这样一句话："吃不穷，穿不穷，不会谋划一世穷。"这句话也告诉我们，大多数时候，基本生活的花费不会让一个人或是一个家庭变得愁眉苦脸，但是如果不进行合理的计划和管理，即使是一座金山，也会有被吃空的一天。

有一个关于"杯子哲理"的故事。固执人、马大哈、懒惰者和机灵鬼四个人结伴出游，结果在沙漠中迷了路，这时他们身上带的水已经喝光，正当四人面临死亡威胁的时候，上帝给了他们四个杯子，并为他们祈来了一场雨。但这四个杯子中有一个是没有底的，有两个盛了半杯脏水，只有一个杯子是拿来就能用的。固执人得到的是那个拿来就能用的好杯子，但他当时已经绝望至极，固执地认为有了一杯水，他们也不可能走出沙漠，所以下雨的时候，他干脆把杯子口朝下，拒绝接水。马大哈得到的是没有底的坏杯子，由于他做事太马虎，根本没有发现自己杯子的缺陷。结果，下雨的时候杯子上边接、下边漏，最终一滴水也没有接到。懒惰者拿到的是一个盛有脏水的杯子，但他懒得将脏水倒掉，下雨时继续用它接水，虽然很快就接满了，可他把这杯被污染的水喝下后却得了急症，不久便不治而亡。机灵鬼得到的也是一个盛有脏水的杯子，他先用雨水把杯子洗干净，重新接了一杯干净的雨水，最后只有他平安地走出了沙漠。

上述故事不但蕴含着"性格和智慧决定生存"的哲理，同时与当前人们的投资理财观念和方式有着惊人的相似之处。"杯子哲理"的故事告诉我们，理财中的"固执、马虎和懒惰"行为只能使你越来越贫穷，只有积极借鉴"机灵鬼"式的理财方式，采取积极态度转变理财观念，调整和优化家庭的投资结构，让新鲜雨水不断注入你的杯子，这样你才能离成为有钱人越来越近。

我国已经进入个人理财时代，但是受传统观念的影响，许多人和故事中的"固执人"一样，认准了银行储蓄一条路，拒绝接受各种新的理财方式，致使自己的理财收益难以抵御物价的上涨，造成了家财的贬值。有的人就和故事中的"马大哈"一样，做事马虎，没有发现缺陷，忽视对财富的科学打理，最终因炒股不当、民间借贷等投资失误导致了家庭财产的缩水甚至血本无归，成为前面挣后面跑的"漏斗式"理财。

【理财感言】

在现实生活中，有很多人和故事中的"懒惰者"一样，虽然注重新收入的打理，但对原有的不良理财方式懒得调整，或者存有侥幸心理，潜在风险没有得到排除，结果因原有的不良理财项目，影响了整体的理财收益。但是也有许多投资者和故事中的"机灵鬼"一样，他们注重把家庭中有风险、收益低的投资项目进行整理，也就是先把脏水倒掉，然后把杯子口朝上，积极接受新的理财方式，从而取得较好的理财效果。

思考题

1. 投资理财是有钱人的专利吗？
2. 你是如何规划每个月的工资的？
3. 如何做一名理财的"机灵鬼"？

第二节　理财观念比方法更重要

任何的财富，任何的创造，任何的奇迹都起源于理财的观念。

一、理财仅是为了"财"吗

随着经济发展和社会进步，大众的理财意识越来越强，但是也存在一些认识误区，很多人觉得理财的目的只是赚钱，实际上这并不是理财的全部意义，理财可以让我们的生活更有情趣，人生更有意义。

在大多数人的意识中，认为理财就是生财，是一种投资增值，是金钱的适度使用。其实这种想法是比较狭隘的理财观念，生财并非理财的最终目的。很多人认为，只要用对了理财方法，理财观念并不重要，这也是一种错误的想法。如果你没有正确的理财观念，那么又如何能使用好的理财方法呢？正确的理财观念是养成良好理财习惯的前提条件，就好比健身，如果你有正确的健身理念并一直督促自己去健身，并将这一理念转化为你的习惯，那么你的身体状况就会非常好。而理财也是一样，正确的理财观念应该是善于使用钱财，让个人或者家庭的经济状况达到最佳使用和运作状态，从而提高生活质量。如果你的理财观念是积极的，且能正确认识理财活动，并形成一个良好的理财习惯，那么你的理财就会非常的成功。

其实，生活中我们处处都在理财，如你每个月领薪水时，在你买生活用品时，在你缴纳电费时……这些都意味着你的理财生活已经开始。

然而真正的理财并不仅指这些，理财的好坏往往会直接影响你个人的生活。所以，在现实生活中，很多人会忽略理财而走进理财观念的误区，认为"我没财可理"，其实不然。

多数人的理财观念总是这样：认为自己没有足够的资产，谈不上是理财。但真正的理财并非富人的专利，经济不宽裕的人反而比富裕的人更需要理财。对于经济不宽裕的人来说，资金的减少可能会危及个人的正常生活。很多人总是认为自己对个人的财务处理方式还是比较合理的，但这种财务的处理只是建立在自己的经济没有出现风险和问题的基础上。

但你要知道的是，为自己树立正确的理财观念是可以让你的理财生活达到事半功倍的效果的。可能你会认为理财只是为了应对可能出现的疾病、失业或者是天灾人祸等突发情况，即所谓"人无远虑，必有近忧"。然而，若在急需用钱的时候而囊中羞涩，这必定会让自己陷入更加困窘的境地。因此，你不仅要树立正确的理财观念，而且要懂得善于向专业人士咨询并获得科学和准确的理财信息，这样才能够得到丰厚的回报。所以，对每个人来说，必须树立正确的理财观念和理财意识。

如今是一个金融业高度发达的社会，人们的金融意识也开始增强。多数人开始追求资金增值，甚至有些城乡家庭也开始对储蓄、股票和保险等方式进行投资理财。但很多人还是会把"先消费再储蓄"作为理财习惯，其实这种理财观念是多数人容易犯的习惯性错误。因为没有正确的消费理财观念，所以经常会出现预算超支或者生活上的拮据等问题。树立正确的理财观念可以让你摆脱后顾之忧，理财是一件光明正大的事情，不要认为你并不需要理财。

俗话说："你不理财，财不理你。"如果你不将自己的生活进行合理地安排，那么你的未来生活一定会因为你的过失而不快乐。要知道财富可以给我们带来生活安定和快乐，同时适度地创造财富，并拥有正确的理财观念，不为金钱所累才是每个人应该有的中庸之道。另外要注意的是，理财观念是需要你长期坚持的，只有拥有合理规划财产的观念，才不至于误了自己的"钱程"。你的理财观念一定要抵制那些诱惑，杜绝不良理财习惯，这样才不会让你在用钱的时候两手空空！

【理财感言】

理财不一定只是为了"财"，更重要的是享受财富给我们带来的生活安定和快乐，拥有正确的理财观念，这并非天生就具有的能力，而是通过学习和实践一点一点积累而成的经验。要知道任何一项能力都并非天生具有，只有耐心学习和实践经验才是最重要的。所以在你建立正确的理财观念的同时，需要通过掌握知识和努力实践才能够成为真正的理财高手。

二、财富的多少并不代表幸福的多少

对于每个人来说，财富虽然能够使你的物质生活有所改善，但是决定不了你是否会因财富越多而拥有更多的幸福！

古时候，有一个财主家财万贯，有吃不完的粮食和花不完的钱财，家里妻妾成群，可以说是要风得风，要雨得雨。可是这个财主总觉得自己生活得并不快乐，反而感觉生活是一件很累的事情。他的孩子们不好好读书；妻妾之间不是争风吃醋，就是勾心斗角；他还要每天为家里的事情和生意担忧……总之，他每天醒来，都会有很多烦恼的事情等着他，这让他变得十分烦躁。他经常反复深思同一个问题：为什么我有那么多的财富还是感觉不快乐、不幸福呢？他非常羡慕隔壁以卖豆腐为生的刘家，他们虽然贫穷，但每天都快乐无忧。

> **文化讲堂**
>
> 在我们母亲的膝上，我们获得了我们的最高尚、最真诚和最远大的理想，但里面很少有任何金钱。
>
> ——［美］马克·吐温

　　说起这家人，一家三口以卖豆腐为生，每天清晨都要很早起床做豆腐，上街去卖豆腐，如果这一天不卖豆腐，就意味着他们这一天没有饭吃，但是在他们的院子里，经常会传来欢声笑语，一家人感情特别好。他们总是一边干活，一边说笑，其乐融融，令人羡慕。财主想不通，就请当时的一位智者来给他解释为什么会这样？智者给他出了一个主意，并告诉财主，只要依照他的办法去做，3个月后，就能够悟出其中的端倪了。

　　于是财主就按照智者所说的办法，半夜偷偷把一块金子扔进刘家的院子里。等到第二天早上，刘家人起来磨豆腐的时候，忽然发现院子里面有一大块黄澄澄的金子，大吃一惊，马上把黄金偷偷收藏起来，继续装作若无其事的样子开始干活。几天之后，刘家父子看到没有人来要黄金，心里才感觉到踏实一些。之后，他们又偷偷地把黄金换成散碎的银子，分别藏在不同的地方。这时候，细心的财主开始发现刘家人的变化。

　　自从得了意外之财，他们两口子开始变得享受起来，再也不起早贪黑，勤勤恳恳地磨豆腐、干农活了，甚至有的时候，他们两口子还会为了吃什么样的饭菜而争吵，他们的院子中还经常传来孩子的哭声。这时候，地主才真正地明白，他原来活得那么累，都是因为钱，妻妾们之间每天无事可做，就一心想着如何挑起事端，而他也从来没有真正关心过妻妾子女们的生活，很少和他们在一起沟通感情。

　　上述的故事说明：不管是谁，每天都为生活而奔波，有更多的钱似乎成了大家的共同理想。很多人认为拥有财富是获得幸福感的前提，但是拥有财富就一定能够幸福吗？

　　有很多人认为拥有的金钱越多，生活就越来越好，日子也过得比较舒服，人的幸福指数也就越来越高。但是真正的幸福并不在于你拥有的财富有多少，财富固然让更多的人能够过上高质量的生活，但是更重要的还是亲情、友情、社会的认可和自己的生活方式。

很多年长的人在他们年轻的时候，能够买到一辆自行车就会感觉非常满足，但是当他们事业稳定之后，即使拥有一辆轿车也不会给他们带来更多的幸福感，因为小区车库里面全是比他们更好的车。所以，从某种角度讲，自行车带来的幸福感远大于轿车给自己带来的幸福感！

这些事情会让我们思考一个问题：一个人的幸福真的是来源于自身拥有的财富数量吗？答案当然是否定的。其实，财富是构成幸福的物质基础。财富只能满足我们的某些欲望，这些满足会为我们带来自己想要的幸福感，但财富不等于幸福。

当一个人只是拥有财富，却没有亲情、友情，甚至没有自己所喜欢的事业，不能实现自己的人生价值时，那么无论他有多少财富，也不会得到幸福。拥有的财富再多，也仅是账面上数字的增长，没有任何实际意义。

在现实生活当中，社会的非主流价值观会给人们洗脑，让人们以为是有钱人就能够得到快乐，慢慢地持有这种观念的人就会越来越多，而渐渐失去自我。因此，在现在的社会中，很多人唯利是图，过度地追求物质，不能全面地把握人生。长此以往，他们只会让自己为金钱和物质所累，让快乐和幸福离自己越来越远！

【理财感言】

美国总统罗斯福曾说："幸福不在于拥有金钱，而在于获得成就时的喜悦以及产生创造力的激情。"金钱和财富能够给人带来满足感，但是科学理财能够让人拥有成就感，从而会让人产生一种幸福感。我们赚钱的目的就是让自己更加幸福，但是在生活中如果把赚钱当作人生目标，是不可能追求到自己想要的幸福的，增加财富只是我们获得幸福的一个手段，仅此而已！对于我们而言，只要制定适合自己的理财目标，不和周围的人盲目攀比，懂得如何把财富转换成幸福，就能够让我们每天都感觉到幸福！

三、树立正确的理财观

在市场经济条件下，企业以追求利润为第一目标，而家庭不同于企业，家庭理财以安全为第一目标。理财观念对于个人和家庭而言是尤为重要的。只有树立正确的理财观念，才能够让自己的理财生活充满更多乐趣和满足感。

虽然多数人希望自己能够成为真正的理财高手，但面对辛辛苦苦赚来的钱，很多人既不敢过度消费享受，又不知道怎样有效地运用这些钱。有的人就会盲目自信而把自己的理财目标定得过高，而最终的结果总是不尽如人意。其实理财不仅需要有合理的规划，也需要根据个人的生活所需来理财。对于理财首先要树立正确的理财观念，懂得理财与自己生活的直接关系，这样才能让你的"钱程"无量。

对自己的人生理财计划，需要你付诸行动，不能只流于"纸上谈兵"而毫无计划、毫无目的。俗话说："有目标才能有动力。"任何事物的获得都不是一蹴而就的，它需要你一点一点积攒，然后才能获得的。理财也是如此，只有早早地制订自己的理财规划，你才能够逐步实现自己的理财目标。

树立正确的理财观，首先需要进行科学的理财规划，并严格执行。这需要执行者长期坚持实施，并拥有愿意承担理财风险的魄力，才能够实现理财规划的预期目标。其次是设定合理的理财目标。任何一个人在理财的过程中都需要设定自己的理财目标，并能够清楚地了解自身目前的资产状况和收入水平来合理规划。最后是考虑例外情况。在理财中你必须考虑个人的一些固定支出，包括保险和债务等，这样才能够让你的理财生活不受严重影响。

要树立正确的理财观其实并不是那么容易。在现实生活中，每个人的生存状态和财务状况各异，但每个人都应该为自己的理财目标负起责任。要懂得关注自己的生活，为自己的生活安排好可行的理财目标，并对未来做好充分的准备和安排，这才是你的明智之举。

面对这个五光十色的社会，我们的正确理财观也会受到干扰和影响。我们经常可以看到那些拿着固定收入的人，花起钱来却大手大脚。他们经常会月初领完薪水就花钱似流水，而到月底时，就开始节衣缩食。这种情况常会体现在多数初入职场，或经济刚独立的年轻人身上。因为无法抗拒消费商品的诱惑，这就使他们对金钱不能完全掌控。

要想拒绝花钱诱惑确实不容易。很多人犯"先消费再储蓄"的习惯错误。因为没有储蓄的观念而使多数人认为"先花了，剩下再说"。而这样的想法往往让自己低估了自己的消费欲和日常开支。要想把自己辛苦赚来的每一分钱都能够完全掌控，那就需要改变自己的不良理财习惯。与此相反，"先储蓄再消费"应该是非常正确的理财习惯，可以据此实现自我约束和控制不必要的开支预算，防止自己超支消费，从而养成节俭的好习惯。因此，树立拒绝诱惑和不良理财习惯的理财观念，是避免财产流失的最佳方法！

在正确理财观下的理财方法其实不过三个形式，即挣钱、省钱、钱生钱。而懂得理财方法的人并不代表能够合理地去使用自己的财富。如何合理地使用理财方法，其中最关键的是需要正确的理财观念来指导。

很多人认为只要努力挣钱，生活上节衣缩食，不浪费一分钱，这样的理财就是最好的理财。如果你也这样想，那么你就错了。所谓的理财并不是让你认死理地去挣钱和省钱，这样的观念是绝对错误的。培养和执行正确的理财观念是一个长期的过程，它不仅需要时间，也需要耐心来持续进行。不要想着能够一夜暴富，这种事情只会发生在电视剧中，所以说正确的理财观念比方法更重要。

对于"钱生钱"的理财投资，我们需要根据自己的实际情况和风险承受能力来做出决策。同时，必须建立风险意识，毕竟投资是有风险的，盲目地使用所谓的理财方法，很容易让自己的投资难以获得回报，甚至导致巨额亏损。如股票虽然被视为一种"长期"的投资理财，但也是风险很高的投资方式。不同的股票投资理财观念会导致不同的结果，有些人甚至会陷入巨额亏损和财务危机。因此，我们必须牢记一点：切勿使用借来的钱来炒股票。

正确的理财观念和方法是分不开的。一个人如果没有树立正确的理财观念，那么即使他再怎么努力使用理财方法也只是徒劳。理财观念与理财方法应是相辅相成的，因为观念影响着人们的行为和活动，而这些对于理财来说，其重要性是不言而喻的。一旦人们的理财行为中缺少了正确的理财观念，或者脱离了社会发展的大局，或者与个人财务情况不相符，那么人们所做的所有行动都是有害而无益的。因为不同的人所处的地位不同，所拥有的钱财也会不尽相同，每个人的观念也会因为自身的个性和生活方式而不同。世界上没有两片完全相同的叶子，理财观念亦然。钱多钱少都只是一个相对的概念，其影响程度只停留在人们对理财方法和理财产品的选择上。因此，可以说理财观念比方法更重要。

【理财感言】

正确的理财观念通常需要根据个人的经济状况来采用具体的理财方法。没有什么人是天生就有能力理财的，理财是需要学习和实践的。常有人会以"天生不擅理财"作为借口来回避与个人生活相关的理财问题。甚至很多人把理财作为个人的兴趣选择，或者看作一种天生具有的能力。因为金钱问题是每个人人生中的一件大事，所以每个人都无法脱离于个人理财责任之外。

配合人生旅程的理财规划，让你的理财不仅为生活提供保障，同时通过理财让你的精神需求得到满足。但一定要树立正确的理财观念，你要相信没有什么人是天生就会理财的，真正的理财高手是在学习和实践中锻炼出来的！

思考题

1. 理财仅是为了财富增长吗？

2. 财富越多一定越幸福吗？

3. 你认为正确的理财观念包含哪些？

第三节　理财目标要实际

一、赚钱不是理财的唯一目的

很多人对理财存在一定的误区，其实理财的目的并不是拼命地赚钱、攒钱、钱生钱。也有很多人错误地把理财当作一场赌博，认为只要孤注一掷，就有可能获得丰厚的回报。其实不然，理财只是我们管理金钱的方式和手段，是为了让更多的人体验金钱带给自己的快乐。

随着经济的发展和社会财富的增长，理财时代已经到来，但很多人依然没有做好充足的准备来迎接这种挑战。什么是理财？理财应该达成什么样的目标呢？有专家指出，个人理财是指如何制订合理财务资源规划，实现个人人生目标的程序。理财的目标是要为自己和家人建立一个安心富足和健康的生活保障体系，实现人生各阶段的目标和理想，最终达到财务自由的境界。

在我国现实社会中，大多数人认为，理财就是生财，让财富实现增值是理财第一位的目标，这或许和中国人千百年来的生存方式有密切联系。自古以来，中国人就讲究勤俭节约，并认为这是发家致富最有效和最直接的手段，但时代的发展已经证实，靠这种单一的理财方式已经远不能满足人们的多样化需求。理财工具的不断扩展，也为人们提供了更多的选择，过去人们那种勤俭加储蓄的理财方式显然是对理财的片面认识。

在这个物欲横流的时代，努力赚钱只是普通人生活中的一个目标。我们不但要学会赚钱，还要学会花钱，让财富增值。极具诱惑的奢侈品虽然是很多人的追求，但理性购物仍是人们的主要想法。因此，理财越来越受到人们的重视。这不仅是时代的发展趋势，还是人们追求更好生活的途径。在很多人看来，如何将手中的钱做一个科学合理的安排，让生活理财和投资理财实现"双赢"，已经成为很多人追求的目标。但真正的理财是一个量化的过程，并不是赚钱的手段。

理财不是一蹴而就的事情，而是一门很有讲究的学问。很多成功人士不仅懂得挣钱，而且懂得尊重钱。他们是既注重理性，又懂得享受的一群人，他们的成功得益于精心的理财过程。每一个成功的人都明白，要想实现理财这一目标，就必须投入大量的时间，把握好自己的财务资源，对自己的生活目标有一个清醒的认识，不要不切实际地认为理财一定会带来巨额财富。

毋庸置疑，理财目标的设定是理财的第一步，但多数人会错误地认为，理财就是赚的钱越多越好。但现实往往并没有想象中那么完美，目标不是理想，不能超越现实，只有确定合理的理财目标，才能确保理财的成功。

每个人的理财目标都不尽相同，理财专家建议大家，在设定自己的理财目标时，应该充分考虑两点，一是要明确理财的时间和数量，应该把理财的目标确定到具体的事物上。例如，"我要通过合理的理财，在数年之后购置一辆我喜欢的轿车"。二是理财目标的设定一定要契合现实。不能脱离实际，想要通过理财把一元变成一百元的想法是不太容易实现的，抱有这种想法的人与其说是在理财，不如说是在创造奇迹。只有根据自身的能力和发展现状来制定目标，才能最终达到理财的目的。

【理财感言】

或许有人会说，如果不能赚钱，我们又何必去理财呢？其实，理财是一个教会你合理支配金钱的过程。很多人看起来很有钱，但并不能算是真正的富人，因为他们根本不懂得理财。简单的攒钱不仅不能让多数人形成正确的理财观念，而且很难让他们最终获得财务上的自由。确切来说，只有从自己的财力和能力出发设定出来的理财目标，才能有切实可行的途径去实现。没有任何一种理财手段是可以让大家一夜暴富的，赚钱从一开始就不是理财的目的，因为理财的终极目标是要帮助大家在自身的基础上，追求更加幸福的生活，而不是给自己背负上一种沉重的赚钱负担。

二、正确了解理财目标

理财目标是指个人或家庭为了实现财务上的特定目的而设定的目标，是个人和家庭实现财务稳定、财务自由以及提升财富增长能力的关键。

我们设定的理财目标可以是短期的，如购买一辆新车或进行一次旅行；也可以是长期的，如为退休生活做准备或为子女的教育费用进行储蓄。设定理财目标有助于个人和家庭更好地管理金融资源，规划资金的使用，从而实现财富增长和财务自由。

选择正确的理财目标是实现理财规划的关键。个人的理财目标有很多，包括储蓄目标、投资目标、退休目标、子女教育目标、健康目标和职业目标等方面。优先选择其中对自己来说最重要的目标并制订相应计划，可以在正确的时间关注那些最重要的事情，避免因在次要目标上投入过多而最终无法实现理财目标。通过设定清晰、具体、可衡量的理财目标，个人和家庭可以更好地应对生活和经济的变化，实现持续的财务增长和稳定。因此，每个人在进行理财规划时都应该设定适合自己的理财目标，并努力实现这些目标。

如何正确了解并制定自己的理财目标，下面的 SMART 原则是其中一种非常有效的方法。

SMART 原则：这是 Specific, Measurable, Achievable, Relevant, Time-bound 五个英文单词的首字母缩写组合，分别表示明确的、可度量的、可实现的、相关的和有时限的。这一原则最初由现代管理学之父彼得·德鲁克（Peter F. Drucker）提出，它可以帮助我们设定的理财目标更明晰、可行且容易衡量。

那我们在了解和制定理财目标时，该如何运用 SMART 原则呢？举个简单的例子：

明确的（S）：我希望在未来四年内购买一辆 10 万元的车；

可度量的（M）：我计划每年储蓄至少 2.5 万元，以便在四年内积累 10 万元的购车款；

可实现的（A）：考虑我的当前工资和支出，每年储蓄 2.5 万元是一个具备可行性的目标；

相关的（R）：我很喜欢自驾游，拥有自己的车是长期的财务目标之一；

有时限的（T）：我计划在未来四年内实现这个目标，所以设定了一个明确的截止日期。

【理财感言】

在进行理财时，我们需要正确了解自己的理财目标，并设定明确的理财目标。理财目标应该是具体、可行和有时间限制的，通过设定明确的理财目标，我们可以更好地规划理财行动计划，以达成我们的目标。理财目标应该根据个人的生活状况和需求进行设定，如个人的收入、支出、储蓄、投资等方面。同时，理财目标应该适应不同的阶段，如青年人的理财目标可能更注重短期消费和长期储蓄，而中年人的理财目标可能更多关注退休金和子女教育等方面。

三、如何调整财富目标

歌德曾经这样说："我每走一步都要走向一个终于要达到的目标。这并不够，应该是每走一步，就要有下一步的目标，每走一步都要拥有自身的价值！"理财也要有目标，拥有目标之后，理财就不会显得盲目和没有头绪。更重要的是，拥有目标之后，理财才能成为我们提升财富累积的有效手段。

故事 1：

媛媛刚结婚，夫妻两人婚后仍然保持财政独立，而对于共有财政的控制权则采用竞争上岗的形式，由两人分别按照自己的判断在各自的账户内进行投资，每半年计算双方的收益率，胜出的人将控制下半个年度的共有财政。半年来夫妇俩各自奋斗在黄金和外汇投资领域中，都小有斩获。媛媛在黄金价格下跌至价格低点的时候果断出手买入，又在之后黄金上涨的时候抛盘，短短几个月内，媛媛就以较高的收益率把正在认真炒外汇的丈夫甩在了后面。

故事 2：

桂娟是同学中的佼佼者，她年纪轻轻就担任某公司高级销售经理一职，收入不菲，思想独立。她认为婚姻并非女性唯一归宿，所以至今还是一个黄金单身女。目前，除存款和股票等金融性资产以外，她还购买了年缴型的分红保险。桂娟的理财目标是：45 岁前退休，然后周游世界。

桂娟是典型的高级白领，收入颇丰，生活富裕，但对单身女性来讲，保障是非常重要的。理财师建议，仅购买储蓄分红保险产品对于桂娟这样的高资产女性来说是远远不够的，她完全可以采纳多种保险产品，如重大疾病险和人身意外险。这种产品不需要缴纳太多的保险金，一两万元就足够了。退休以后的生活开销，桂娟的想法是依赖自己的存款和退休金。但养老金未必能保证原来的生活品质，对于这部分缺口，桂娟还是要早做打算才好。理财师建议桂娟在适当的年龄建立补充养老金，特别是购买个人养老金。桂娟对生活品质有较高的要求，采用普通的理财产品很难满足她的理财目标，那么一定比例的一般经营性投资就可以提高综合投资收益率。桂娟身为企业高级销售经理，具备相应的投资经营管理素质。同时，桂娟作为单身女性，时间和精力也相对充足，还可以尝试自己创业。

故事3：

美雪是同学中结婚最早的，有个3岁的宝宝。夫妻两人都是公务员，收入稳定，还清了所有房贷后，两人开始杀入股市。有一段时间的行情让小两口赚了个盆满钵满，但近期股市的持续下跌让两人的心跟着七上八下……对此，美雪经常笑称"炒股票比带孩子累多了"。

在第一个故事中，我们可以看出，这对小夫妻的"竞争理财"很有意思。但理财专家认为，小夫妻为了赢得收益率的优胜，两人的投资方式基本是短线操作，显然是不太合适的。理财不是游戏，家庭理财更应注重短线、中线、长线的投资相结合。在第二个故事中，我们可以看出主人公桂娟的理财目标非常明确，而且有对自己的财富的想法和规划。对于单身女性或者家庭、事业比较稳定的人士而言，理财师认为这些人最好能够进行合理的资产规划和适当的投资，不仅可以充分体现自己财富的价值，还可以让自己的资金链更加稳固，生活更有保障。

与前两个故事相比，第三个故事的情况是不太一样的。组建家庭、生过宝宝之后，家庭负担明显会比以前重很多。对于美雪夫妇而言，目前股市的陷阱很多，忙于工作、家庭的白领不宜直接投资股市，理财师认为美雪夫妇可以挑选一些优质基金公司的股票型基金作为投资股市的渠道。同时，有小宝宝的家庭更应注重区分自己的投资资金，预留一定比例的现金流以备急需，而投资于股票、期货等较大风险领域的资金属于纯风险资本金，其损失会对家庭的财务状况和生活产生一定影响。

理财的目的不只是金钱数目的增长，最根本的目的还是要提升我们的生活质量，使自己觉得幸福。因此，千万不要盲目跟风，为理财而理财，这样也就失去了理财的意义。

那么，应该如何设定自己的理财目标呢？在进入拟定理财目标阶段时，有一个很重要的原则，即所有的目标必须是具体和可行的，大致可以分为四步：

第一步，每个人都要考虑清楚，真正希望达到的理财目标是什么，也就是说，目标一定要明确和可量化。例如，明年买一部自己最喜欢品牌的手机，比"要让生活更舒适"就更加明确和可量化。

第二步，对自己的财务状况力求全面的了解，而不应在做计划时顾此失彼。

第三步，在进行以上思考的过程中，找出简单有效地实现理财目标的办法。

第四步，通过缜密地思考，假设目标已达到的情形，加强达到目标的动力，树立达到目标的信心。

对于每个人来说，不切实际的目标等于没有目标，不仅不能指导人们正确地实施理财计划，还会打消人们理财的积极性，但是太容易实现的目标也没有列入理财规划的必要。也就是说，在制定自己的理财目标时，必须经过认真的取舍，因为任何人都不能把所有的希望和理想都设定到将要实现的目标中去，只有分清哪些是生活中"必需"的，哪些是自己"想要"而"不必要"的，才能让自己的理财规划更加容易操作和实践。

在设定好理财目标以后，不要以为这样就万事大吉了，接下来就要进行相关的细节安排，因为理财并不是单纯地为了存钱而存钱。在设定理财目标时，还应注意到，在人生发展的不同阶段，人们对理财的需求也是不同的。合理理财的重点不在一时，而在于长久。也就是说，任何理财规划都必须将一生中的大事和人生理想分别列在不同的生活阶段，让人生的每一个发展时期都有具体的目标。

最后要提到的是，任何理财目标都应该分为长期、中期、短期，这样更有利于目标的设定和完成。一般来说，长期目标是从现在开始，一直到退休都要努力达到的目标，这种目标因为需要长期的时间，需要人们在具体的操作和实现过程中及时修正，以便更符合未来想要达到的目标；中期是指未来三五年的目标；而短期则是指一年之内就要完成的目标。一般来讲，一旦长期目标确定了，中短期目标的安排就会显得清晰而明确。因此，长期、中期、短期目标其实是相互联系、密不可分的。这样也有助于将各个目标联系在一起，形成一个系统的理财规划，然后积极地去实践。

那么该如何根据自己的实际情况制定一生的理财目标呢？我们可以从如何存钱、如何花钱、如何赚钱三部分着手。

存钱要有目的。人们之所以不理财，很大的原因是控制不住自己花钱的欲望，最终将自己的收入都消费一空。20岁的时候，人们会借口自己收入不足，而成为"月光族"；30岁的时候，人们会以刚刚建立家庭，开销太大为理由而存不下钱。随着年龄的增长，看到有的人通过理财过上了富足的生活，自己只能在一成不变的生活中摇头叹气。因此，为了避免自己一再寻找不存钱的借口，从现在开始，给自己一个存钱的目的，无论是为了以后能够买一辆车，还是将来可以换一套大一点的房子，都可以成为自己存钱的动力。之后，每个月强制自己拿出一部分的剩余资金，作为实现梦想的储蓄，这样就可以更加有效地支配自己的收入，为以后的理财打下坚实的基础。

花钱要有计划。除了做好必要的储蓄，还要学会理性消费，让每一笔钱都花到位。购物之前要仔细思量购物清单上的哪些物品是必须买的，只有做好这些功课，才能让自己的消费更契合实际。

赚钱要有效率。存钱和花钱都只是对自己收入的一种分配，效率的提升是有限的。要想迈向致富的道路，最直接也最有效的方法就是提高赚钱的效率。在自己比较擅长的领域进行投资，不放过每一个赚钱的机会，只有效率提高了，才能越来越快地接近财富目标。

【理财感言】

做任何事情，都应该有一定的目标和计划。随着事情的发展和具体情况的变化，目标也可能随时调整。理财同样如此，要有针对性的计划和目标，只有这样才能奔着既定目标去努力。在遇到理财困境的时候，适时咨询专家的意见和建议，往往能够让你豁然开朗，理财计划也会更加顺利地开展下去！

思考题

1. 举一个你曾经设立的理财目标，并说明如何实现它？
2. 请使用 SMART 原则简单制定一个自己的理财目标。

第四节　积累财富始于点滴

一、财富源于积累

《劝学》中有这样一句话："不积跬步，无以至千里；不积小流，无以成江海。"任何事情都是一样，应该从一点一滴做起，从身边的小事做起，这对于财富积累同样适用。我们要学会积累每一笔小的财富，只有日积月累、持之以恒才能实现自己的财富梦想。任何"小钱不愿挣，大钱挣不了"的人，对财富的追求只能是空中楼阁。

在生活中，能一次中几百万元大奖是小概率事件，绝大部分人不会遇到。但在我们的现实生活中，靠勤劳赚小钱的机会可以说多如繁星，隔三差五就能够遇见，然而这些都是需要看你是否愿意去抓住它、利用它。没有几个人是可以靠继承祖业、技术专利等方式迅速赚到大钱的。如果你并不具备这些有利的赚大钱的条件，那你就需要脚踏实地去积累点滴财富。毕竟财富源于积累，生意经营好了，财富也就自然而然地有了。如果你只是整天想着发大财，而不实际行动起来去赚身边的小钱，那么即便是你有了发大财的机会，也有可能因为自己没有足够的能力和经验，而与机会擦肩而过。

文化讲堂

财富源于点滴的积累过程。

在改革开放初期，可以说我国的绝大部分人都是穷人。那么如何发家致富？其实大部分人是从小本经营和积累点滴财富开始的。因此，我们不要嫌钱太少。事实上，在积累财富的过程中，可以通过赚小钱来增加经验和见识，让人的阅历得到扩展。这样一来，我们不仅能培养自身的金钱意识和赚钱能力，还可以熟悉市场并拓展人际关系。

如果一个人不愿意赚小钱和积累点滴财富，那么即便是把他放在运营非常好的公司，他也不见得能够管理好。

故事 1：

小林是一名应届毕业生，从学校出来之后就准备去南方打工。他觉得自己文凭高，学识也比较渊博，以为找到一个工作环境好、挣钱多而且体面的工作一定不是很难的事情。但事与愿违，他一直没有找到令自己心满意足的工作。

一天早上，他来到路边的早点摊上吃早饭。看着早饭他大发感慨，说钱真难赚。做小生意吧，赚不了多少钱，可自己又没什么本钱去做大买卖。卖早点的摊主听到他的这些牢骚后，走到他身边，用手指着路边的石子，很认真地对小林说，"其实挣钱也不难！你从现在开始，天天去捡路边的石子，等全部捡起来再卖掉，那样你不就有了本钱做大生意了？而且这些不需要你花任何本钱"。听了这话的小林并不以为然，他还嘲笑早点摊主的建议，难怪这么多年你只是一个卖早点的，你也只能靠这点本事赚点小钱。小林的这些话并没有引起早点摊主的不满，他也只是笑了笑。

经过几番周折，小林一直找不到自己认为合适的工作，而且跳了几次槽，也没挣到多少钱。这让小林非常苦闷，甚至怨天尤人。直到有一天，小林在路上又一次与早点摊主相遇时，与之攀谈，让小林吃惊的是，早点摊主仅凭着自己"捡石子"的观念，持之以恒，积少成多。如今的他不仅给三个孩子每个人买了房子，还为自己心爱的小儿子买了一辆出租车。交谈之后，小林知道自己这些年的光阴算是白白浪费了，也让他知道：不要总是好高骛远，总是幻想着发大财，人应该脚踏实地学会赚小钱。

故事 2：

李大姐和她的丈夫是下岗工人。下岗后两人做起了买卖木材的生意，一开始就赚了不少钱。当时两人都非常高兴，然而好景不长，在一次进货过程中两人上当受骗买进了假的名贵木材，不仅亏了积蓄，还让自己背上了巨额债务。为了逃避债主，夫妻俩找了个没人认识他们的地方开了一家稀饭店，赚点小钱。

初来乍到的他们，开饭店并不容易，仅3个月就亏了不少钱，这让已经45岁的李大姐非常困惑。为了让自己的生意能够好一点，李大姐总是会在顾客身上下功夫，每当顾客过来吃稀饭的时候，她就会问顾客有什么意见和要求。皇天不负有心人。有一天，一位顾客提醒他们说，"开稀饭店啊，一定要改变现在的经营理念，要不断重视饭菜的质量，为顾客出些新花样来"。

也正是顾客的这句话，让夫妻俩决定把"赚小钱"的稀饭当正餐做。毕竟现在的人多数是生活条件比较好的，每天大鱼大肉吃腻了，偶尔喝点稀饭反而喜欢呢。但是如果把稀饭当正餐，就必须将稀饭改良。为此，李大姐夫妇就自己熬了五种不同的稀饭，免费让顾客品尝。平时吃多了山珍海味的人，吃到这种平凡而又好喝的稀饭，个个赞不绝口。

李大姐的稀饭店就这样被越来越多的顾客光临后，赞不绝口而扬名了。如今的小店，客人由原来的十几个变成了几百个，每天的营业额从几百元变成了上万元。

李大姐并没有就此罢手，看着日渐增多的顾客，忙不过来的李大姐心里开始盘算起来，不如换个大一点的地方卖稀饭，把稀饭产业做大。说干就干，夫妻俩马上租下一户面积约1300平方米的农家大院，然后聘请了几个帮手，新店开业生意果然越来越红火。每到周末，小店前就密密麻麻地停满了来吃饭的顾客的车辆。但是李大姐知道，要想留住这些客人就必须不断地推出新的产品，这样才会财源滚滚。于是李大姐在很长一段时间内都在揣摩实践，终于由原来的七八种稀饭发展为二十多种稀饭，而且李大姐为这些稀饭起了非常好听的名字。

由于味道正宗，价格合理，很多顾客都喜欢到李大姐这里吃饭。如今李大姐的稀饭店每天的销售额就达数万元。这让李大姐不禁想起一句话："小钱也是能赚成大钱的，财富源于一点一滴的积累。"

上述两个"赚小钱"的故事启示我们，财富是源自一点一滴积累的，如果不懂得"赚小钱"，逐渐积累财富，那么即便是机遇就在眼前，也是抓不住的。不管什么样的钱，都是钱，为什么认为小钱就不是钱呢？有这种想法的人是永远发不了财的。

任何一个富翁都没有一步登天的本领，他们都是从一点一滴地"赚小钱"开始做起，通过合理的理财，才会让钱生钱，才能够有朝一日成就一番大事业。所以，每个想要拥有财富的人，想成功就不能忽视这么一个道理——财富都是从一点一滴中累积起来的。

很多一心想要发财的人总是心存侥幸，想利用"以小博大"的手段来赚钱，然而通过不正规的手段来获得的利益是存在一定风险的，甚至有的时候钱没有赚到，还让自己的小钱也没有了。所以，想赚大钱就不能放过任何一个赚小钱的机会，同时必须有"从今天起开始做"的想法。但是需要注意的是，不要订下过大的计划，不然在后来的实行中就很难实施，而且会让自己感觉做不下去，从而不会有什么结果。因此，我们在赚钱的同时不要把目标定得太远，需要从小处着手，要知道金钱是需要一分一厘积攒获得的，这样才有成为富翁的那一天。

【理财感言】

现在有很多刚踏入社会的年轻人梦想着有一天能进大公司，坐上高层的位置，或者是自己办公司赚到很多钱。然而最终能够实现这个梦想的人只是极少数。虽然年轻人有赚大钱的志向并没有错，但如果只是一味地认为大钱才是钱，不会一分一分地赚起来，那么即便你是天才，也是不会成功的。需要提醒大家的是，千万不要自以为是地认为自己是一个能赚大钱的人，而不屑去做赚小钱的事情。要知道，如果连赚小钱的事情都做不好的人，别人也不会相信你是个会赚大钱的人。因此，必须认清"大钱小钱一样是钱，财富积累始于点滴"的道理去赚钱，这样才会让自己成为真正赚大钱的富翁！

二、点滴理财之道：时间价值与复利效应

作为一名理财投资者，大部分人应该了解"复利效应"这个概念。复利对应的是"时间价值"，而时间有价也成为投资中最重要的元素。理财是一场没有终点的长跑，越是跑得远，就能获得越丰盛的"礼物"。因此，跑赢通货膨胀，变成了我们保住钱财的必经之路。

什么是理财的时间价值和复利效应呢？巴菲特把投资比喻成滚雪球，他说投资者要做的就是，找到一块比较湿的雪（寻找能够获得更高复利的投资产品）和一条足够长的斜坡（能够长时间获取复利），就能够滚出巨大的雪球（获取巨额的投资收益）。投资大师巴菲特 90% 的财富，是在其 60 岁之后获得的，他的伯克希尔投资公司市值的年几何平均收益率是 20.8%，也就是说，他用 52 年使 1 美元变为约 18 977 美元。巴菲特一直惯用的手法是，利用低成本的保险资本，长时间投资某一个产品，通过时间价值和复利效应，最终获得巨额的回报。

> **文化讲堂**
>
> 世界上最厉害的武器不是原子弹，而是时间＋复利。
>
> ——[美] 爱因斯坦

例子：假如你存了一笔 1 万元 3 年期的整存整取定期存款，按照 3 年期整存整取定期的年化利率 2.75% 来计算，那么在这 3 年期间，第一年 1 万元产生的利息是：10 000×2.75%＝275（元），也就是说，第 1 年产生的收益是 275 元，它是不计入第 2 年和第 3 年的本金继续计算收益的，只有本金 1 万元会继续计算利息，也就是说，每年计算利息的本金都是最开始投入的 1 万元，不包括前 1 年产生的收益。

因此，1 万元本金第 2 年产生的收益仍是 275 元，第 3 年产生的收

益还是 275 元，到期后总收益是：275×3＝825（元），这就是单利。

一般我们存银行的存款是按单利计算的。那如果按复利计算呢？复利就是上面第 1 年产生的 275 元的收益也会计入第 2 年和第 3 年的本金，与最开始投入的 1 万元一起作为下一年的本金来计算收益。如果是按复利计算上面的例子，那 3 年到期后的本息和就是收益总和 848 元。[1]

由此可见，复利计息是优于单利计息的，时间是有价的，这就是货币的时间价值。从理财的角度来看，以复利计算的投资报酬效果是相当惊人的，而对于复利的观念，若以一般所说的"利滚利"来比喻最为通俗易懂。如果一个人从现在开始每年存 1.4 万元，并且他把每年所存下来的钱进行理财，并且每年拥有 20% 的投资回报率，那么 40 年后，按照财务管理学计算年金的方式，财富会成长为 1.028 1 亿元。理财的时间价值和复利效应如此之大，更需要我们更加注重对点滴财富的积累，注重用理财的复利效应让自己的财富不断增值。

【理财感言】

复利，这个经济学中的神奇概念，其精髓在于利息的滚动增长，即每一期的利息都会加入本金，再次产生利息，实现"利滚利"的效应。这一时间复利效应被形象地称为指数级增长，对财富累积展现出其惊人的增长力量。但要想时间复利效应真正发挥其作用，我们需要正确理解其原理并付诸实践。只有通过长期的积累、稳定的投入和持续的学习，我们才能实现财富的持续增长和个人价值的不断提升。

思考题

1. 单利和复利的有何区别？

2. 请使用 SMART 原则简单制定一个自己的理财目标。

---

〔1〕 参考现有银行定期存款进行举例说明。

第五节　理财要有风险意识

一、理财风险无处不在

我们每个人都应警惕理财所带来的风险。在当今社会，理财已成为许多人追求财富增长的重要手段。然而，我们必须清醒地认识到，理财往往伴随着风险。那些承诺高额回报的理财产品，可能隐藏着不为人知的陷阱。

老孙怎么也想不到，自己在银行购买的理财产品居然"爆雷"了。

老孙回忆道："我当时是去我们当地的一家银行买的理财。客户经理把我带到了理财室，推荐了一款产品，告诉我如果买这个产品就可以跳过银行这个中间商，利率更高。她向我保证，这个理财是保本保息的，银行内部好多人在买。我从电厂退休，一点金融知识也没有，想着对方是银行客户经理，有单独会见客户的办公室，上面还写着她的名字，于是就相信她了，甚至当时都没有过多追问钱投到了什么地方。"事后在老孙的追问下才得知，银行客户经理忽悠他分别购买了两家财富公司的产品。在此之前，老孙甚至从未听说过这两家公司的名字。

"一年前其中一家财富公司'爆雷'了，我当时还不知道，直到我们这边的公安机关给我打电话我才反应过来。没想到半年后，另一家财富公司也'爆雷'了，我这两笔投资一共有 50 多万元，现在都没有回来。几个月前我去银行找客户经理，发现她已经离职了，银行推脱说这是客户经理个人的行为，银行并不知情。"

回想起购买理财产品的经历，老孙感慨自己太相信对方银行客户经理的身份了，因此也未向银行其他工作人员核实过此事。他后来结识了当地 10 多位同样通过银行客户经理购买两家财富公司产品的投资人，有的人甚至连手机都不太会操作，全程由客户经理帮忙下载 App 并完成购买。

早在 2017 年，中国银监会就对外发布了《银行业金融机构销售专区录音录像管理暂行规定》，要求银行对理财产品销售过程录音录像，防止银行员工利用银行的营业场所，私自销售第三方理财产品的"飞单"行为。但个别地方银行内控上仍存在漏洞，导致这一现象仍零星存在。[1]

这则故事充分说明，在现代社会中，理财风险是无处不在的。我们在理财时，务必做好充分的调查和风险评估。不要被那些诱人的高额利息等因素迷惑，而忽略了潜在的风险。理财可能涉及非法集资和诈骗等违法行为，一旦陷入其中，投资者可能面临巨大的经济损失。

【理财感言】

理财需要综合考虑风险和收益。在理财过程中，风险无处不在，但是风险和收益往往是成正比的，在享受理财投资带来收益的同时，必须承担其中的风险，正所谓"欲戴其冠，必承其重"。要想获得更高的收益，就必须要承担与之相对应的高风险。而理财的关键就在于合理权衡风险和收益，选择适合自己的投资方式，从而获取更好的投资回报。

二、学会识别理财风险

对于每个人和家庭来说，理财收益的高低并不是判断理财好坏的唯一标准。我们要把握一个重要原则，即在相等代价（风险）面前，什么样的理财能产生更高的投资收益率；在相同的投资收益率前提下，什么样的理财产品风险更小。在理财和财富管理的过程中，我们一定会面

---

〔1〕《半岛聚焦｜警惕虚假投资理财诈骗，是时候学点金融知识了!》，载 https://baijiahao. baidu. com/s？id＝1804706246724047671&wfr＝spider&for＝pc，最后访问日期：2024 年 9 月 18 日。

临各种风险。因此，在决定理财之前，我们要学会识别理财风险，最大限度预防风险对理财产生的负面影响。

国内的理财发展史从最初的银行储蓄开始，经历了银行时代、证券和房产时代、"宝宝类"理财时代、P2P时代、海外理财和全球资产配置时代及数字经济时代。随着人们接触的理财产品和理财渠道的增多，激进型理财者倾向于购买短期、高风险高收益的理财产品；稳健型理财者倾向于低风险的长期理财规划。很多人在进行理财规划时，盲目追求高收益，忽视了收益背后的风险。而在成熟的理财投资者看来，理财的核心是风险控制，即对一系列不确定性的应对和管理，以下六种理财风险需要理财投资者学会识别。

第一种是诈骗风险。目前，金融诈骗逐渐复杂和频繁，同时呈现出受骗报案量占比高、受骗金额高、受害者低龄化的"两高一低"趋势。特别是在网络贷款欺诈中，团伙欺诈的危害程度明显高于恶意欠贷、多头借贷、伪冒欺诈等个人欺诈行为，呈现出"智能化、产业化、攻击迅速隐蔽、内外勾结比例上升、移动端高发"五大特征，不容易识别出来，给理财风险控制带来了严峻的挑战。

除此之外，金融市场上形式各样的"庞氏骗局"也层出不穷。因此，理财投资者在选择金融机构时要做好尽职调查工作，理性看待广告的数据，可以先在有关部门进行查询，实地询问（包括是否有金融监管部门批准的备案、理财编号、真实投向），然后决定是否投资。

第二种是信用违约风险。如2018年我国P2P行业集中"爆雷"，给广大金融消费者上了一堂深刻的金融投资风控课。根据相关部门的统计，2018年1月至7月末，中国P2P问题网贷平台数量多于850个，较集中分布在东部沿海一带，涉案规模超过8000亿元，涉及人数超过

1500 万。[1]如此多的金融消费者被波及的一个重要原因是——这些问题平台当时承诺的收益率非常高，有的年利率甚至超过 20%。

但是大多数"爆雷"P2P 平台的本质是"拆了东墙补西墙"的"庞氏骗局"，用下一个人的款还上一个人的债，一旦市场饱和，找不到下家接盘的人就成了最终受害者。所以，在投资理财的时候，要选择规模大、信用好、有理财牌照的金融机构（如银行），虽然理财收益率低一些，但是发生兑付危机的概率较小。

第三种是流动性风险。投资理财的个人或家庭必须留意所投资资产的属性，如投资金额、投资时长、收益能力和变现能力等因素。就拿投资房地产来说，房地产的属性要求它具有金额大、投资时间长和变现能力相对较弱的特点。因此，如果一个家庭把全部身家押在房产上，那么长期抵御流动性风险的能力就会减弱。

另外，一些银行理财产品或国债不能提前赎回，或者说提前赎回会损害资产的价值。如果提前兑取，收益会受到不同程度的损害。因此，在投资过程中，如果面临不可赎回或者投资时间长的资产，应当提前做好长期现金流的预判。

第四种是资产配置失衡产生的风险。受房价上涨的影响，目前中国家庭户均资产规模达到百万元以上，但财富管理蕴藏着风险，城市家庭财富管理整体处于"亚健康状态"：一方面房产占比过高，挤占了家庭的流动性；另一方面家庭存在低收益资产上配置过多、高风险资产上投入太极端、投资不够多样化等特点。

这种资产配置不均衡的比例就像一颗"定时炸弹"，如果我国楼市在未来的某天发生系统性风险，配置失衡的普通家庭的资产就会首当其冲受到影响。

第五种是利率风险。投资理财最重要的就是利率，如果投资理财前后利率价格有变化，特别是新产品的理财收益率更低时，财富就有缩水

---

〔1〕《艾媒报告｜2018 中国 P2P 网贷行业"爆雷"热点监测报告》，载 https://www.iimedia.cn/c400/61966.html，最后访问日期：2024 年 9 月 18 日。

的风险。

在投资理财一些金融资产时，一些发行债券的公司或政府机构会在合同上写明发行商有权在到期日前赎回证券。这种情况通常会发生在市场利率下降的时候（这样一来，借方可以以较低的金融成本获得资金），但是这对投资人来说就是一种风险，因为投资人必须在低利息时再投资。

第六种是政策风险。这是指由于国家政策和法规的变化而产生的对投资者可能带来的潜在损失。例如，政策调整可能导致银行利率下降，投资者持有的债券价值可能随之降低。

【理财感言】

理财是一把"双刃剑"，既可能为我们带来收益，又可能带来损失。了解理财投资的风险，学会识别理财风险，并采取措施规避风险，是每位投资理财者所需掌握的必备技能。

三、树立理财风险防范意识

在理财过程中，没有人能够确切地预知理财未来的发展趋势，所以风险是不可避免的。应对风险是理财中一个不可或缺的要素，因此树立理财风险防范意识对于个人的理财安全和财务稳健增长至关重要。从以下七个步骤入手，将有助于帮助你树立理财风险防范意识。

第一，整体认识理财风险。通过上一节我们了解到不同类型的金融理财风险，如诈骗风险、利率市场风险、信用风险和流动性风险等，并明确了风险对理财状况的潜在影响。同时，我们需要在整体上了解现在的宏观经济环境、投资市场的波动性和不同资产类别的特点，以便全方位了解理财风险的多样性。

第二，学习与知识储备。多深入学习理财知识，包括投资基本原理、不同投资工具的特点和风险、风险管理策略和财富管理等，这有助于增加对理财风险的认识和理解。平时多关注财经媒体、专业出版物、研究报告和学术讲座等，持续获取最新的市场信息和专业见解。

第三，制定合理的理财目标。确定明确的长期和短期理财目标，并制定相应的规划和策略。这有助于理解个人理财需求和风险承受能力，并在理财投资决策中做出明智的选择。

第四，分散投资与资产配置。通过分散投资降低单一理财投资的风险，采取适当的资产配置策略来平衡风险与回报，广泛分散投资不同行业、不同地区和不同类型的资产，如保本储蓄、年金、债券、基金、股票和房地产等。

资产配置是根据个人财务目标、时间视角和风险承受能力，在不同类型的资产之间分配投资组合的过程。不同资产类别具有不同的风险和回报特征，如股票可能带来较高的回报，但也伴随更大的波动性，而债券则相对稳定但回报较低。在进行资产配置时，应考虑个人的财务目标、风险偏好和投资期限，根据自身情况制定合理的配置比例。

第五，风险评估与管理。在进行任何理财之前，都要进行风险评估并制定相应的风险管理策略。风险评估是评估个人在理财中面临的潜在损失和波动性的过程。通过了解自身的风险承受能力和心理预期，可以更好地管理和控制理财风险，增强自己的理财风险防范意识。通过了解自己的理财目标、理财时间、收入水平和家庭状况等因素，确定适合自己的理财风险承受能力和风险容忍度。从而建立起风险管理策略，包括分散投资、建立紧急备用金、定期评估理财组合和使用适当的保险等，以减少理财潜在风险带来的影响。

第六，持续监测和调整。持续监测理财投资组合的表现是确保理财策略与目标保持一致的重要环节，这意味着定期审查理财投资组合的配置和绩效，以便根据市场变化和个人目标进行必要的调整；定期检查和调整理财投资组合可以帮助识别任何不利变化、过度集中于某些资产类别或需要重新平衡的情况。根据市场条件和个人财务状况，可能需要增加或减少特定资产类别的理财投资比例，以确保理财投资组合符合长期财务目标。

第七，寻求专业建议。当面临复杂的金融决策或不确定的理财环境时，寻求专业的理财顾问或财务规划师的建议是明智之举。专业人士可以帮助评估个人风险承受能力和目标，提供具体的理财建议和定制的风险管理方案。同时，保持经济状况的透明度，与专业人士保持沟通，并根据市场动态和个人目标灵活调整理财策略，都是增强理财风险防范意识的重要方面。

【理财感言】

理财风险防范意识需要理财者持续地学习跟进、实践和经验积累。通过不断增强对风险的认识、建立科学的风险管理机制和保持冷静理性的投资态度，理财者可以更好地保护个人理财利益，并实现可持续的财务增长。

思考题

1. 分享一次你成功识别理财风险的亲身经历。

2. 理财风险有哪几种？

3. 如何树立理财风险防范意识？

推荐书目

1.《复利效应》，戴伦·哈迪著，李芳龄译，星出版 2019 年版。

2.《一个投资家的 20 年》，杨天南，机械工业出版社 2021 年版。

3.《您厉害，您赚的多》，方三文，中信出版集团 2017 年版。

推荐电影

《大空头》（2015 年），亚当·麦凯执导。

第三篇

生活中的理财智慧

在当今时代，财富的获取固然重要，但如何守住财富更是一门值得深入探究的学问。我们往往专注于追求更多的财富，却容易忽视生活与财富守护之间存在紧密而微妙的联系。其实，生活中有很多的理财智慧，就像是一把关键的钥匙，能够开启守住财富的大门，帮助我们抵御外界的诱惑，如学会和坚持记账、合理预算和规划收支，避免浪费，减少债务和加强风险防范。善用税收优惠政策，能让我们在财富的海洋中航行得更加稳健和长久。当你真正理解并践行这一理念时，会惊喜地发现，生活中竟然有如此多的理财智慧等待我们发掘。这些智慧将为我们带来意想不到的财富守护效果，让我们一同踏上这场生活理财智慧之旅吧！

【阅读提示】

1. 理财智慧从记账与预算起步，培养节俭习惯是守财之道。

2. 减少债务并防范风险，省钱同时注重身心健康平衡。

3. 充分利用税收优惠政策，紧跟政策变化优化财务规划。

第一节　坚持记账是关键

一、记下数字与改善习惯

记账看似是一个简单的行为，却蕴含着巨大的力量。当我们一笔一笔地将收支记录下来时，记下的不仅是一个个数字，还是对我们消费行为的忠实呈现。

洛克菲勒家族是 19 世纪美国的首富，但是他们家族中没有一个人挥金如土。老洛克菲勒在其年轻时就开始记录个人的收支账目，每一分钱都要在这个账目上写出用途和使用时间，每一笔开支必须有正当而可靠的理由，在他临死时他把记账的传统交给儿子小约翰·洛克菲勒，小约翰继承其父的记账传统，又把它像接力棒一样传给他的儿子，即第三代的戴维。

在戴维的记忆里，他清楚地记着一件难忘的往事。在他 7 岁时，小约翰·洛克菲勒把他叫到自己的房间里，意味深长地说："戴维，从现在开始你可以每周获得 30 美分的零用钱，我想听听你打算如何处置这 30 美分。"

戴维高兴地回答，"爸爸，我想您会同意我花 10 美分去买我最喜爱的巧克力。另外，我要和哥哥们一样拥有一个储钱罐，我每周节省 10 美分放进去。剩下的 10 美分我做机动处置，如果到星期六还没有花出去，我可以考虑在做礼拜之前捐给教堂"。

"对你的处理我十分满意，可爱的孩子。不过，我还有一个小小的要求。就是在拿到每周零花钱时，附带一个小本子，你必须在本子上记下每笔钱的用途。""爸爸，有这个必要吗？"戴维·洛克菲勒不解地问道，"您说过这是我的零花钱，我有权自由处理的啊！"

"当然是有必要的，这是你祖父创立的传统。洛克菲勒家庭的每个孩子都要这样做的。你在每天花了钱之后，晚上睡觉之前，记下花钱的原因、数目，并给这笔开销的必要性做一个合情合理的解释。这里面有一点我想有必要提醒你一下，所有的记录必须真实，你知道诚实是最宝贵的。"

"爸爸，我记住了。"

"对了，我每周在发给零花钱之前，都要检查你的花钱记录本。如果你的记录令我满意，你会得到一点小小的奖赏，那就是在 30 美分之外再加上 5 美分；要是记得模糊不清，相应地，要将 30 美分扣为 25 美分。"戴维少年时所受的"账目训练"对他以后的理财生涯受益匪浅。[1]

节约是避免不必要开支的科学，是合理安排我们财富的艺术。记下每笔钱的用途，清楚地知道哪些钱该花，哪些钱不该花，怎么花，如何花。看似简单琐碎的小事，必将积少成多，为你将来打下坚实的基础。

小蔡是一位来自四川省成都市龙泉驿区大面街道玉石社区的"90后"居民，同时也是该社区精心挑选的一名记账户。记账户，简言之，是指被政府或相关统计机构选定，负责记录家庭日常收支情况的家庭代表。这一角色不仅帮助国家收集和分析居民消费数据，以制定更为科学合理的经济政策，同时为参与者带来了一定的经济激励，并促使他们更加关注和管理自己的财务状况。90 后的她和丈夫都有固定收入，双方父母也都有生活来源，小两口的生活基本没负担。但由于没有良好的消费习惯，他们常年是"月光族"。2017 年，他们的宝宝出生后，在"一分钱一分货"的理念下，他们给孩子买的东西都尽量选贵的，导致每个月开始入不敷出。

其间他们也尝试过记账，但往往坚持不了几天就放弃了。2017 年年底，他们很幸运地被抽为记账户，记账成了一份"兼职"工作，既有收入还可以记录自己的收支。每天晚上宝宝睡着之后，他们就开始记

---

〔1〕 孙锐主编：《智慧背囊（第 3 辑）》，天津人民美术出版社 2005 年版，第 16-19 页。

录当日花销，这时他们才发现自己又买了一些不需要的东西。

特别是后来电子记账后，系统常常提示他们"购买物品单价超过限额范围"，他们才惊觉自己又乱花钱了。于是他们慢慢改变消费习惯，买东西开始问价格、比价格，不必要的东西尽量不买。

按照记账前他们的生活方式，他们是"月光族"；但记账后，在养育宝宝的情况下，他们不仅不再"月光"，甚至还有了一定的存款。2019 年夏天，他们带着双方父母乘飞机到北海旅游，所有的花费全是他们小两口支出。两位父亲和小蔡的丈夫一起出海钓鱼，小蔡和两个妈妈带着宝宝"赶海"，一家人其乐融融。

多年来坚持记账让小蔡养成了理性的消费理念，也让她从一个"月光族"变成了他们一大家子的"理财师"。[1]

从洛克菲勒家族记账的小故事可以看出，理财需要从培养理财意识与习惯开始，并且需要长久地坚持下去。在故事里，洛克菲勒家族规定：孩子必须对每一笔通过打工挣来的零用钱进行记账，到月底进行结算，还要检查账目是否明晰，用途是否恰当。如此做法能够助力孩子形成优良的理财习惯，使他们在成长过程中能更加明白如何去管理自身的财务。洛克菲勒家族借助长期的记账与财务管理，成功积累了巨额财富，如今该家族的财富已然传承到第七代。可见，理财并非局限于当下的收支平衡，而更应注重长远的规划与积累。这种方式能够协助我们更妥善地规划自己的未来，进而实现财务自由以及人生目标。

---

[1]　《"记收支·话小康，爱成都·迎大运"主题沙龙首场活动举行》，载 https://www.sohu.com/a/408214159_ 120046883，最后访问日期：2024 年 9 月 10 日。

通过坚持记账，我们能够清晰地看到自己的资金流向。哪些是必要的支出，哪些是可以削减的花费，一目了然。这让我们在消费时更加理性，不再盲目地跟随欲望而冲动购物。

记账也是培养良好消费习惯的重要途径。当我们每天面对那些详细的账目时，会不自觉地对自己的行为进行反思和调整。小蔡的故事就体现出了这个道理，正是因为她在记账的过程中，逐渐改变了自己不够理性的消费习惯，开始更加理性地对待购物和消费，更加注重购买物品的实际价值，从而塑造了她更加积极的消费习惯。因此，我们要在记账中学会思考如何优化支出结构，如何让每一笔钱都发挥出最大的价值。

记账还能让我们更好地规划未来。我们可以根据过往的账目，制定合理的预算，为实现长期的理财目标奠定基础。它让我们对自己的财务状况有了更准确的把握，增强了我们在理财道路上的信心和掌控力。

坚持记账，久而久之就会发现，我们的消费习惯在不知不觉中得到了极大的改善。我们记下的好像只是数字，但却改变了我们的消费习惯，使我们变得更加精打细算，更加懂得珍惜每一分钱的价值。那些曾经随意挥霍的消费行为渐渐减少，取而代之的是更加明智和稳健的理财方式。让我们从现在开始，认真对待记账这件小事，让它为我们开启通往良好理财习惯和财务自由的大门。

【理财感言】

> **文化讲堂**
>
> 让记账成为习惯，为自己的财富之路点亮一盏明灯。

每一笔消费记录都是对生活与财富的尊重，我们能从中发现那些不经意间的浪费，也能洞察到可以提升的空间。

通过记账，我们学会审视每次消费决策，让理性之光在理财之路上闪耀。记账的习惯如同基石，奠定了我们长期规划的基础，让我们懂得积累的力量，每一个小数字的汇聚，都可能成为未来财富大厦的坚实支柱；记账的习惯培养了我们的耐心与坚持，让我们在日复一日的记录中，感悟到财富的来之不易和持续成长的意义。

让记账成为我们生活中不可或缺的一部分，用这看似简单的举动来开启通往财务自由和美好生活的大门。因为只有当我们真正重视每一笔收支，用心去记录和规划，我们才能在理财的道路上稳步前行，收获属于我们的财富果实和幸福的未来。

二、记账小妙招

记账作为财富管理的基础，可以帮助我们更好地了解自己的消费习惯和资金流向，其重要性不言而喻。然而，很多人常常因为觉得烦琐或者枯燥难以坚持而放弃。掌握一些实用的记账小妙招，可以帮助我们脱离单调乏味的记账模式，轻松实现记账，让记账变得更加有趣、有效，从而更好地掌握自己的财务状况。

故事 1：

玛丽是一位年轻的上班族，她总是为自己的财务状况感到困惑，不清楚钱都花在了哪里。直到有一天，她学到一种新的记账方法——"五彩账本"记账。

玛丽买来了一个带有不同颜色标签的账本，她决定为不同的支出类别分配不同的颜色。例如，她用蓝色标签记录食品支出，用红色标签记录交通费用，用绿色标签记录娱乐开销等。

起初，她觉得这个方法有些烦琐，但随着时间的推移，她发现这种彩色分类法让她更容易追踪和分析自己的支出。每当她翻开账本时，不同颜色的标签和记录就像一幅幅小型的图表，让她一目了然地看到自己的支出分布。

有一次，玛丽发现自己在绿色标签下的娱乐开销连续几周都偏高。她意识到可能是她最近频繁参加朋友聚会导致的。于是她决定调整自己的社交活动频率，并更多地关注其他方面的支出。

玛丽通过使用"五彩账本"这种简单的记账方法，不仅让她更清晰地了解自己的财务状况，还帮助她做出更合理的消费决策。她的故事告诉我们，有时候改变一个小小的习惯或方法，就能带来意想不到的效果。在记账方面，选择适合自己的方法非常重要，因为只有这样，我们才能更好地管理自己的财务。

故事2：

小玲是一个热爱生活的都市女孩，但她总是对自己的财务状况感到迷茫。每个月的工资似乎都在不知不觉中消失，而她却完全不知道钱花在了哪里。有一天，她决定改变这种现状，开始尝试记账。

起初，小玲只是简单地用纸质记账本记录每一笔支出。但很快她就发现这种方法虽然直观，但很容易遗漏一些小额支出，而且数据查询和统计也非常烦琐。于是她开始寻找更适合自己的记账方式。

在朋友的推荐下，小玲下载了一款电子记账App。这款App界面简洁，操作便捷，而且功能丰富。小玲可以设置不同的分类来记录不同类型的支出，如餐饮、购物、交通等。每次消费后，她只需要打开App，简单输入金额和分类，就能轻松完成记账。

不仅如此，这款App还提供智能分析功能。小玲可以根据自己的需求，查看不同时间段的支出情况，了解哪些方面的支出较多，哪些方面的支出可以节省。通过这些数据，小玲开始更加理性地规划自己的消费。

除使用电子记账App外，小玲还学会一些记账小妙招。比如，她会在每月初制订一个预算计划，将工资分配到不同的支出类别中。每当有额外的收入或支出时，她都会及时调整预算计划，确保自己的财务状况始终在掌控之中。

以上两则故事为我们展现了富有特色的个人记账方法，在日常生活中，以下记账小妙招可以助力你成为记账高手。

方法一：选择适合自己的记账工具。

选择一款适合自己的记账工具至关重要。首先介绍传统的纸质记账本的记账工具。纸质账本能给人更加直观的感受，适合喜欢手写记录的人群。对于这些人而言，纸质记账更能体现个人理财的仪式感，且更注重隐私保护，可以避免个人信息被电子设备记录或泄露的风险。随着电子记账的飞速发展，市面上出现了许多记账 App，它们有的界面简洁、操作便捷；有的功能强大、适用于复杂的财富管理。我们可以根据自己的需求，选择一款既能满足日常记账需求，又能提供财务分析和报表生成等高级功能的记账工具。如微信内置的记账功能，这一功能能够自动同步微信支付记录，实现一键记账，方便快捷。此外，各大银行也提供了自家的记账工具，这些工具通常与银行账户紧密集成，能够实时反映资金流动情况，是银行用户的不二之选，如工商银行提供的"融 e 购工具箱"和"一体化企业网银"是其记账工具的典型代表。融 e 购工具箱支持通过摄像头拍照直接上传单据，实现一键记账，极大地简化了记账流程。而一体化企业网银则提供了全面的自动化记账功能，包括实时记账、票据管理和流水分析，帮助企业用户实现高效、准确的财务管理。

对于初学者或只需要简单记录日常收支的用户，可以选择界面简洁、操作便捷的记账工具。对于需要进行复杂财富管理和规划的用户，可以选择功能强大、支持自定义分类和标签的记账工具。这些工具通常还提供了预算设置、支出提醒、报表生成等功能，可以满足更高级别的财富管理需求。如果你更注重隐私保护和安全性，可以选择一些有良好口碑和严格数据保护措施的大型公司的记账产品。

方法二：制定明确的记账流程。

制定明确的记账流程可以帮助你更加系统地记录和管理账目。首先，你需要将日常支出分为不同的类别，如食品、交通和娱乐等，并为每个类别设定一个固定的记账位置。其次，每当有支出时，就按照类别进行记录，并尽量在第一时间完成记账，避免遗漏。

方法三：利用快捷方式提高记账效率。

现代记账工具提供许多快捷方式，可以帮助你更加高效地完成记账。例如，你可以使用语音输入功能，直接说出支出金额和类别，系统会自动为你记录。此外，一些记账 App 还支持拍照识别功能，你可以通过拍照上传发票或收据，系统会自动识别并提取金额和商家信息，为你节省大量时间。

方法四：设定预算并实时监控。

在记账的过程中，设定预算并实时监控是非常重要的。你可以根据自己的收入和支出情况，为每个类别设定一个合理的预算上限。然后在记账过程中，密切关注自己的支出情况，一旦接近或超过预算上限，就及时提醒自己进行调整。这样，你就可以更好地控制自己的消费，避免浪费。

方法五：定期回顾与总结。

定期回顾与总结是记账的重要环节。你可以每周或每月抽出一些时间，仔细查看自己的账目记录，分析自己的消费习惯和财务状况。你可以查看自己的总支出、各项支出占比、支出趋势等信息，从而了解自己的消费特点和问题所在。同时，你也可以根据这些信息制订更合理的预算和规划，更好地管理自己的财富。

方法六：与家人或朋友共同记账。

如果你与家人或朋友共同管理财务，那么与他们共同记账会是一个很好的选择。你们可以选择一款支持多人协作的记账工具，共同记录和管理账目。这样每个人都可以清楚地了解家庭的财务状况，共同制定和遵守预算规划，实现财务的透明化和共享化。

方法七：保持积极心态和坚持。

保持积极的心态和坚持是记账成功的关键。记账并不是一件轻松的事情，但只要你坚持下去，就会发现它带来的好处。通过记账，你可以更好地了解自己的消费习惯和财务状况，从而做出更合理的消费决策。

同时，你可以通过记账来培养自己的理财意识和能力，为未来的财务规划打下坚实的基础。所以，请保持积极的心态，享受记账的过程吧！

【理财感言】

在理财的道路上，记账往往被视为基础而重要的第一步。而当我们谈论记账时，其实并不仅是在谈论一个简单的数字记录过程，还是在探讨如何通过记账的各个小妙招，实现与理财之间的和谐共生。记账不仅让每一笔收支清晰可见，还是理财路上的得力助手。通过定期回顾和分析，能帮我们识别出不必要的开支，优化消费结构，为理财腾出更多空间。理财不仅是财富的积累，还是智慧的体现。记账让我们更了解自己的财务状况，为制订理财计划提供有力依据，帮助我们在理财的道路上越走越远。

思考题

1. 如何培养坚持记账的习惯？
2. 记账有哪些小妙招？
3. 你有什么有效记账的方法吗？

第二节　制定预算并执行

一、凡事预则立不预则废

在理财的道路上，预算的制定是至关重要的一步。预算不仅是一个简单的数字游戏，还是我们理财规划的基础。古人云，凡事预则立，不预则废。这句话在理财领域同样适用。通过制定预算，我们可以更加清晰地了解自己的支出事项和财务基础，从而做出合理的理财计划。因此，预算的重要性不言而喻，它能够帮助我们控制消费、避免浪费、实现储蓄目标，并为未来的投资和规划提供资金保障。

作为全球科技行业的领军者，苹果公司的成功经营背后其实离不开精心制定的财务预算策略。在公司的财务规划中，预算的制定和执行扮演着至关重要的角色，为苹果公司采取轻资产商业模式提供财务支持，并为公司带来丰厚的财富和持续的增长。

苹果公司曾面临市场竞争的严峻挑战，以及新产品研发和市场推广的巨大压力。为了应对这些挑战，公司高层决定从预算制定入手，优化资源配置，提高运营效率。

在预算制定的过程中，苹果公司注重细节，从产品研发、市场营销、供应链管理到人力资源等各个环节都制订了详细的预算计划。这些预算计划不仅明确了各项支出的上限，还设定了具体的业绩目标，确保公司能够在有限的资源下实现最大的价值目标。

在执行预算的过程中，苹果公司严格执行预算计划，确保每一笔支出都符合预算要求。同时，公司还建立严格的监控和评估机制，对预算执行情况进行实时监控和评估，及时发现并解决问题。

通过精心制定的预算策略和严格的执行力度，苹果公司成功实现财务的稳健和业务的持续增长。新产品不断推出，市场份额持续扩大，公司的利润也逐年攀升，这些成果的背后是苹果公司制定预算并取得财富成功的有力证明。

如今，苹果公司已成为全球最具价值的高科技公司之一，其成功不仅在于其提供卓越的产品和创新的技术，还在于其精细的财务规划和严格的预算管理。这些成功的经验也为其他企业提供了宝贵的借鉴和启示。

在制定预算的过程中，我们首先需要对自己的收入和支出进行全面的分析，明确哪些是必要的开支，哪些是可以节省的；其次要根据自己的实际情况设定合理的储蓄目标，确保每个月都有一部分资金用于储蓄；同时还需要考虑未来的财务需求，如教育和养老等，确保预算能够满足这些需求。

在制定预算时，我们还需要注意预算的灵活性和可执行性。由于生活中难免会遇到一些意外情况，如突发事件、紧急支出等，我们需要为这些情况留出一定的预算空间。此外，预算也需要具备可执行性，即我们要能够按照预算进行消费和储蓄，而不是让预算成为一纸空文。

那么，如何制订一个合理的预算计划，并多存钱呢？以下是一些实用的原则性策略。

（1）明确收入与支出，这是制定预算的关键。首先，要详细记录自己的收入和支出情况，了解每月的固定支出和可变支出，这样可以帮助我们更准确地制定预算。我们需要详细地记录每个月的收入来源，包括工资、奖金、投资收益等，以确保我们对整体收入有清晰的了解。

同时，对支出也要进行详尽地记录，将其分为固定支出和可变支出两大类。其中，固定支出主要包括房租或房贷、水电费、保险费、车贷或车保等每月必须支付的款项。我们需要列出这些费用，并计算其总和，以了解每月必须花费的金额；可变支出则包括食品、购物、娱乐、旅行等可以根据实际情况进行调整的支出。我们需要仔细审视这些支出，看看是否有可以削减的部分，以节省开支。

（2）设定储蓄目标。我们要根据自己的实际情况设定合理的储蓄目标，如可以设定每月储蓄收入的一定比例作为目标，或设定一个具体的储蓄金额，以确保每个月都有一部分资金用于储蓄。同时，可以将储蓄目标分解为短期目标、中期目标和长期目标。其中，短期目标可能是一个月的储蓄计划，中期目标可能是一个季度或半年的储蓄计划，而长期目标则可能是一年或更长时间的储蓄计划。这样的细致分解有助于我们更好地规划自己的财务，并确保我们始终朝着目标前进。

（3）减少不必要的开支。审视自己的消费习惯是制定预算并多存钱的重要步骤，我们需要仔细回顾自己的日常开支，找出那些不必要的消费项目。例如，过度购物、频繁外出就餐和冲动购买等，这些都可能是我们可以削减的开支。通过减少这些不必要的开支，我们可以将更多的资金用于储蓄和投资，从而实现财务增长。减少不必要开支的方法是优化日常消费，如在购物时选择性价比高的商品，避免购买过多的奢侈品或昂贵的品牌产品。在娱乐方面，可以选择更经济实惠的活动，如户外运动、在优惠时段看电影等。通过这些小改变，我们可以逐步降低生活成本，为储蓄和投资腾出更多资金。

（4）利用科技工具。在制定预算和记录财务状况时，利用科技工具可以大幅提高效率和准确性。手机应用和在线工具可以帮助我们轻松记录每一笔收入和支出，自动生成详细的财务报告，并提供数据分析和预算建议。如我们可以使用财富管理应用来设定预算目标、监控支出并追踪储蓄进度。这些应用通常会提供直观的图表和报告，帮助我们更好地理解自己的财务状况。此外，还有一些智能理财工具可以根据我们的消费习惯和储蓄目标，为我们提供个性化的投资建议和理财方案。

（5）定期评估与调整。制定预算后，定期评估和调整是非常关键的。我们需要根据实际的收入和支出情况，检查预算是否仍然符合我们的储蓄和投资目标。如果发现预算存在偏差或不足，我们需要及时进行调整，确保预算的准确性和有效性。定期评估还可以帮助我们识别潜在的财务风险和机会。例如，如果我们发现自己在某个领域的支出过多，可能需要重新审视自己的消费习惯并寻找削减开支的方法。同时，如果我们发现某个投资领域表现出色，也可以考虑增加对该领域的投资以提高收益。

二、"知行合一"攒下幸福人生

预算计划只是理财道路上的"纸上谈兵"，真可谓"纸上得来终觉浅，绝知此事要躬行"。要做到理财的"知行合一"，"攒钱"应是实践的第一步。

"攒下幸福人生"，这不仅是一句口号，还是每个人在追求财务自由和生活品质时应该铭记的座右铭。攒钱不仅是为了应对未来的不确定性和风险，还是为了构建我们向往的幸福生活。

攒钱的重要性不言而喻。首先，它可以为我们提供应对突发事件的经济保障。在生活中，我们难免会遇到一些突发事件，如失业和生病等，这些事件往往需要大量的资金支持。如果我们没有足够的储蓄，就很难应对这些突发事件。其次，攒钱可以帮助我们实现自己的梦想。每个人都有自己的梦想和目标，而这些梦想往往需要一定的资金支持。通过攒钱，我们可以逐步实现自己的梦想和目标。最后，攒钱还可以为我们和家人提供一个更好的未来。通过积累财富，我们可以为自己和家人提供更好的生活条件和教育资源等。

李先生和王女士是一对普通的年轻夫妇，他们刚刚步入社会，面临买房、结婚、生子等一系列人生大事。和许多年轻人一样，他们也过着

"月光族"的生活,每个月的收入几乎全部用于消费,几乎没有积蓄。

然而,一次意外的家庭变故让他们意识到攒钱的重要性。王女士的父亲突然生病,需要一大笔医疗费用。由于他们平时没有攒钱的习惯,面对突如其来的经济压力,他们几乎陷入了绝望。幸运的是,他们最终通过借款和变卖家产勉强渡过了难关,但这次经历让他们深刻认识到攒钱的必要性。

从此以后,李先生和王女士开始制定预算,严格控制支出,每个月都会将一部分收入存入银行。他们不再追求奢华的消费,而是学会理性消费,将每一分钱都用在刀刃上。经过几年的努力,他们不仅还清债务,还积攒一笔可观的积蓄。

有了积蓄的他们,开始规划自己的未来。他们买了属于自己的房子,开始为孩子的教育做打算,还计划着未来几年的旅行计划。他们的生活品质得到了显著提升,幸福感也油然而生。

上述小故事告诉我们,攒钱不仅是为了应对未来的风险,还是为了让我们能够拥有更多的选择和自由。当我们拥有足够的积蓄时,就可以更加从容地面对生活中的各种挑战和机遇,追求自己想要的生活。

攒钱并不是一件容易的事情,但只要我们掌握了一些方法和技巧,就可以让攒钱变得更加容易。第一,我们需要制定一个合理的预算,并严格按照预算执行。通过规划收入和支出,我们可以确保自己有足够的资金用于储蓄。第二,我们需要学会控制自己的消费欲望。在购物时,我们需要理性思考自己真正需要的东西,并避免冲动消费。第三,我们也需要学会比较不同商品的价格和质量,选择性价比更高的商品。除此之外,我们还可以通过投资等方式增加收入来源,从而更快地积累财富。

在攒钱的过程中,心态也是非常重要的。我们需要保持积极的心态,相信自己的能力和潜力。同时,我们需要保持耐心和毅力,不要轻易放弃。攒钱是一个长期的过程,需要我们不断地努力和坚持。只要我们坚持下去并付出足够的努力，就一定能够实现自己的财务目标并为自己和家人创造一个更美好的未来！

【理财感言】

攒钱可以让我们拥有更多的安全感。在这个充满不确定性的世界里，拥有一定的积蓄可以让我们在面临失业和疾病等突发事件时更加从容不迫。这种安全感不仅来自物质的保障，更来自内心的安宁和自信。最重要的是，攒钱可以让我们更加珍惜每一分钱的价值。当我们学会理性消费和储蓄时，就会更加珍惜自己的劳动成果和财富积累。这种珍惜和感恩的心态会让我们更加幸福和满足。

思考题

1. 如何制定一个合理的预算？
2. 攒钱有哪些方法和技巧？
3. 如何让自己形成长期攒钱的习惯？

第三节 生活消费要节俭

生活消费是家庭金融的重要组成部分，而家庭金融是金融学的重要分支领域，被定义为在家庭范围内，基于安排与收益预期在可接受的风险之内，由家庭成员共同做出的如何实际使用家庭内的财富，以及如何进行财务借贷，并通过建立完善的生命周期内最佳投资组合选择和融资决策来研究家庭的财富管理，以实现家庭资产配置效益最大化的活动过程。其中，节俭是家庭金融理论的基础，建立在节俭基础上，家庭财富才会越来越多。

一、节俭生活是美德

自古以来，节俭就是中华民族的传统美德，我国大多数的民众有着根深蒂固的节俭意识，长期以来形成了一种勤俭节约的生活方式。节俭虽然不能让人成为富翁，但可以让人远离债务，过上安稳的生活。随着理财观念的深入人心，很多人已经不自觉地把节俭作为一种理财的方法，使之成为自己的一种理财手段。他们开始更加关注自己的消费行为，审视每一笔开支的必要性和合理性，努力避免浪费。这种理性的消费观念，不仅让他们能够更好地管理自己的财务，也让他们能够积累更多的财富，为未来的生活打下更加坚实的基础。

文化讲堂

历览前贤国与家，成由勤俭破由奢。
——（唐）李商隐

故事1：

在蒙牛乳业的辉煌背后，有一位深谙节俭之道的传奇人物——原蒙牛公司董事长牛根生。作为一个从贫瘠土地上走出来的企业家，他的成功并非偶然。在创办蒙牛乳业的初期，他就以节俭为本，将每一分钱都投入企业的发展中。他的办公室简洁朴素，没有奢华的装饰，只有几排书架和一张办公桌。他穿着简单，常常系着一条价值18元的蒙牛牌领带，这条领带上的图案充满了草原、蒙古包、奶牛等元素，既体现了企业文化，也展现了他的节俭品质。

在牛根生的带领下，蒙牛乳业逐渐崭露头角，成为业界的佼佼者。然而，随着企业的壮大，牛根生并没有忘记初心，他依然保持着节俭的生活习惯。他出差时，常常选择住在蒙牛驻北京办事处一个不超过三星级的宾馆。即便在这样的环境下，他也没有过多的奢华要求，甚至宾馆的某些设施略显陈旧。他出行时，驾驶的是一辆普通的轿车，而不是豪华座驾。他用自己的行动告诉员工，节俭不仅是一种美德，还是一种力量，能够让企业在竞争中立于不败之地。

牛根生对家人的"抠门"也是出了名的。他每月给家人的生活费只有3000元，并要求家人详细记录每一笔支出。这样的做法在很多人看来可能有些苛刻，但牛根生认为这是对家人的一种教育。他希望家人能够学会理财，懂得珍惜每一分钱，将钱用在刀刃上。[1]

故事2：

郑六三，曾是中国香港地区的富二代，家族企业的继承人。他从小就生活在金钱的包围中，对财富的挥霍习以为常。郑六三的父母每天忙于工作，基本上脚不沾家，没有太多时间照顾儿子，更倾向于对儿子进行"放养"。由于顾不上照顾郑六三，父母雇来一大批保姆，其中负责给儿子做饭、吃饭的人有6个，给儿子穿衣服、伺候洗漱刷牙的也有3个。在父母的宠溺下，郑六三十分享受生活，白天在学校上课，晚上出

---

〔1〕《牛根生18元领带，宗庆后花19.5元买套内衣，刘永好5元理发……》，载 https://www.sohu.com/a/150781060_ 419768，最后访问日期：2024年9月16日。

入各大酒吧、赌场，尽情挥霍。成年之后，郑六三看中一辆预售的汽车，给父亲打一通电话，声称要买。父亲二话不说，立刻联系车行的老板，用超出预售 10 倍的价格买下了这辆车。在这样的家庭环境中长大，郑六三从小养成了衣来伸手、饭来张口，养尊处优、大肆挥霍的生活恶习。

然而，一场意外导致他的父母相继离世，他的父母为他留下了一笔 5000 万元的巨额遗产。这个含着金汤匙出生的富二代，并没有珍惜父母奋斗一生的成果，他坐享其成、挥霍无度，在短时间内就把公司搞垮，将 5000 万元挥霍殆尽。

郑六三的妻子也因受不了他的性格而提出了离婚，为了维持生计，他又将父母留下的古玩和字画统统变卖，甚至连自己住的房子也挥霍掉了。但此时的他依旧不改本性，继续招揽朋友花天酒地，没过几年就将这些钱挥霍殆尽。

直到郑六三的银行账户所剩无几，那些所谓的朋友再也花不到郑六三的钱，纷纷选择离他而去。感受到世态炎凉的郑六三，无奈选择流落街头，成为一名流浪汉。[1]

上述两则截然相反的故事告诉我们，节俭不仅是一种生活态度，还是一种理财的智慧。牛根生的案例充分体现了这一点，他坚信只有保持节俭，才能确保企业的稳健发展。因此，他在企业运营中注重成本控制，要求员工在工作中注重节约。同时，他将节俭的理念融入企业文化中，让每一个员工都成为节俭的实践者。牛根生的节俭美德与理财智慧，不仅赢得了员工的尊敬和信任，也赢得了社会的广泛赞誉。他用自己的行动诠释节俭与理财的真谛，成为人们学习的榜样。在蒙牛乳业的成功背后，我们看到一个企业家对节俭与理财的深刻理解和实践。他的

---

〔1〕《香港郑六三：挥霍五千万遗产妻离子散，拾荒度日，养二十只流浪狗》，载 https://www.360kuai.com/pc/9970c8a41747f311f？cota＝3&kuai_ so＝1&sign＝360_ 57c3bbd1&refer_ scene＝so_ 1，最后访问日期：2024 年 9 月 16 日。

故事告诉我们：只有保持节俭、善于理财，才能在人生的道路上走得更远、更稳。

在理财的道路上，节俭是不可或缺的一环。郑六三的故事告诉我们，无论我们拥有多少财富，都应该保持节俭的生活作风，珍惜财富并合理使用。只有这样，我们才能过上真正幸福和满足的生活。

节俭不仅是一种生活方式，还是一种理财哲学。节俭生活并不意味着要过苦日子，而是要在满足基本生活需求的基础上，通过合理的消费规划和理性的消费选择，达到物尽其用、人尽其才的目的。这种生活方式不仅能让我们的财务更加稳健，还能让我们在追求物质享受的同时，更加注重精神层面的满足和追求。

节俭的生活态度有助于我们形成谨慎的财务管理习惯。在消费时，我们会更加理性地思考每一笔支出的必要性和合理性，避免冲动消费和过度消费。这种习惯不仅可以帮助我们积累财富，还可以为未来的投资和其他理财活动提供资金储备。要实现节俭生活，我们可以从日常生活中做起。比如，减少不必要的购物冲动，避免盲目跟风购买；在购买物品时，选择性价比高、环保节能的产品；在餐饮方面，避免浪费食物，合理搭配营养；在出行方面，尽量选择公共交通或步行、骑行等低碳出行方式。这些小小的改变，都能让我们的生活更加节俭、环保。

二、消费省钱有窍门

理财往往被许多人理解为一种高深的金融投资技巧，似乎只有那些手握巨款、具备专业金融知识的人才能涉足。然而，这种观念其实是对理财的误解。理财并不是只有富人才能拥有的特权，也不是只有用金钱或物质进行投资才能获得财富。实际上，理财是一种生活方式、一种思维习惯，它贯穿于我们日常生活的方方面面。有时候通过利用一些生活中的经验和窍门去改变自己的生活习惯，我们就能在不增加额外支出的同时实现财富的积累，这也是一种非常好的理财方式。

（一）明智选择，避开陷阱

作为现代生活中不可或缺的一部分，购物已经超越简单的物质需求，成为许多人追求快乐和满足感的方式。然而，在各类线上平台和线下商场的促销活动中，消费者是否也时常感到一种难以抗拒的冲动呢？这其实是商家精心设计的营销策略在起作用，其中不乏一些隐藏的促销陷阱，它们往往披着实惠的外衣，实则背后是商家追求更高利润的智谋。

每当节假日或特定时段，无论线上还是线下，各种"满减""直降""限时抢购"等促销手段层出不穷。许多消费者，如婷婷这样的年轻女孩，往往会被这些看似诱人的优惠吸引，忍不住"剁手"购买。

一天，婷婷在浏览她钟爱的电商网站时，一款心仪已久的包包跃入她的眼帘。这款包包设计别致，颜色独特，正是她一直寻找的那一款。婷婷看到这款包包原价1000元，而现在正在进行"满300减100"的促销活动。她心中一喜，如果按照这个优惠，购买这款包包实际上只需支付700元，这真是一个难得的好机会。

婷婷迫不及待地将这款包包加入购物车，准备结账。然而，在结算页面，她注意到一个细节：这款包包的价格虽然达到满减的门槛，但网站上的促销活动往往鼓励消费者购买更多，以享受更多的优惠。

此时，婷婷被页面上的其他商品吸引。她看到一些价格接近满减门槛的商品，如一条价值80元的围巾和一瓶价值120元的香水。婷婷心想，如果购买这些商品就可以再享受一个满减优惠。虽然这些商品她并不是特别需要，但在她看来，这似乎是一个划算的选择。

于是婷婷开始考虑如何搭配购买，以最大化地利用这个促销活动。她算了一下，如果加上围巾和香水，总价刚好达到 1200 元，按照"满 300 减 100"的规则，正好减去 400 元，最终只需支付 800 元。虽总价比单独购买包包贵了一些，但考虑到还能得到围巾和香水，婷婷觉得这是一个不错的交易。

在促销活动的诱惑下，婷婷陷入消费陷阱。她忘记了最初只打算购买那款心仪的包包的初衷，而是被"划算"的优惠所吸引，购买原本并不需要的围巾和香水。她点击"确认购买"按钮，完成订单。

然而，当包裹送达时，婷婷开始感到后悔。她发现围巾的材质并不如她想象中那样好，而香水的味道也并不适合她。这些商品最终都被她放在角落，很少使用，这次购物不仅多花了钱，还买到自己并不喜欢和需要的东西。

这次购物经历让婷婷深刻反思自己的消费行为。她意识到，在商家的促销手段面前，她很容易被诱惑，购买并不真正需要的商品。这不仅浪费金钱，还占据她的储物空间。

通过这次购物经历，婷婷深刻体会到理性消费的重要性。她明白了在商家的各种促销手段面前，保持清醒的头脑和理性的思考是非常重要的。只有这样才能避免被消费陷阱所迷惑，实现真正的物有所值。相信婷婷的困惑也是许多消费者的共同感受。如今，无论是线上还是线下，商家都会利用各种促销手段吸引消费者。从"满减""直降"到"限时抢购""买一赠一"，这些噱头总能吸引消费者的眼球，刺激他们进行消费。然而，在这些看似实惠的促销背后，往往隐藏着各种消费陷阱。

以网购为例，许多商家会设置复杂的满减规则，如"满 300 减 100，但仅限指定商品"或"满减后不再享受其他优惠"等。这些规则往往让消费者在追求优惠的过程中陷入困境，最后不得不购买一些原本并不打算购买的商品。此外，一些商家还会利用消费者的心理弱点，如

"限时抢购"的紧迫感或"买一赠一"的贪小便宜心理，诱导消费者进行不必要的消费。

商家在进行一些促销活动的时候，总会采取各种手段吸引消费者去购物。意志不坚定的消费者因为"贪便宜"的心理，往往会买很多不需要的东西而浪费金钱。

每到过节或者商场店庆时，消费者总是抵挡不了商家促销宣传的狂轰滥炸和利益的诱惑，购买促销的商品，但购物之后，很多人会后悔自己的冲动。那么，如何才能看破商家的促销陷阱，淡定面对各种花样的促销呢？现在就为大家一一道来！

首先，要懂得理性消费，正确区分什么是"特价商品"，什么是"处理商品"。所谓"特价商品"是指那些在价格上有优惠或者有折扣的低价商品，商家出售特价商品是一种正常的促销手段，与商品的质量、功能性没有过多的关系和联系，所以商家在出售时不能因此就拒绝承担自身的"三包"义务。可是"处理商品"的概念就很不一样了，它是指那些存在缺陷的商品，可能是质量上的问题，也可能是功能上的问题，但是对商品整体的使用价值没有太大的影响。如果消费者购买的是处理商品，在商场提供的发票上会有"处理"的字样，按照国家的相关规定，处理商品是不会享受"三包"服务的。所以，消费者在促销活动中一定要看清楚自己买的到底属于什么样的商品，以免自己受到经济损失！

其次，理智面对折扣商品。对于消费者而言，在购买打折商品的时候，一定要比平时更加理性，不要只盯在商品的价格上。建议消费者最好可以关注一下打折商品的原价，最好可以货比三家确定之后再购买。另外"连环折扣""买第一件9折、买二件6折、买第三件3折"，很多消费者为了得到3折的优惠，往往会同一样产品买好几件，甚至有些是根本用不上的东西。

最后，提醒大家在购买反季商品的时候一定要慎重。因为我们国家的法律规定，"三包"开始日期就是消费者购买商品的日期。但是一些反季的商品消费者是不会立即使用的，一旦在使用的时候出现质量问题，尽管使用的时间很短，但是已经过了"三包"的时效，商家也是不会负责的，消费者的权益也就不能得到有效保护。

所以，建议大家在购物时，最好能够抑制内心的冲动，在看到自己非常喜欢的商品时，不能简单头脑一热就去交钱，冷静之后再确定自己是否真的需要购买。其实，不管商家的促销手段有多么高明，只要消费者在购物过程中理性消费，就能购买到称心如意的商品，并且节省更多的金钱。

因此，作为消费者，我们需要保持理性思考，不要被商家的促销手段所迷惑。在购物前，我们应该明确自己的需求和预算，避免因为追求优惠而盲目消费。同时，我们也需要学会辨别商家的营销陷阱，保护自己的合法权益。只有这样，我们才能在享受购物带来的快乐的同时，实现理性消费和科学消费。

（二）精简生活，避免浪费

在快节奏的现代生活中，我们常常不自觉地陷入物质的漩涡，家中堆积着各种可能只用过一次甚至从未使用过的物品。这些冗余的物品不仅占据了宝贵的空间，还消耗了我们的精力和金钱。因此，精简生活，避免冗余，成为了一种既环保又经济的生活方式。

1. 审视需求，减少冲动，善用等效替代

冲动购买是导致家中物品冗余的主要原因之一。每当看到心仪的商品打折、促销，或是被广告中美好的生活场景吸引时，我们往往会不假思索地将其收入囊中。然而，这些冲动购买往往只是短暂的满足，随后便是长久的闲置和浪费。

为了避免冲动消费带来的冗余和浪费，我们在购物前应当深思熟虑，仔细审视自己的实际需求。在决定购买某件商品之前，不妨先问问自己："这件物品是我真正需要的吗？是否有其他更为实用、经济且能满足我需求的替代品存在？"这种自我询问的过程，实际上是一个理性

消费的初步筛选机制。

当我们对某个心仪的商品产生购买欲望时，可以进一步探索市场上的等效替代产品（以下简称平替产品）。平替产品通常是指在功能、效果或外观上与原产品相似，但价格更为亲民的选择。它们可能不是来自知名品牌，但同样能够满足我们的基本需求，甚至在某些方面还能带来意想不到的惊喜。

小李是一位时尚爱好者，她总是被最新款的包包吸引。然而，新款包包价格不菲，而且时尚风潮瞬息万变。一次，她在社交媒体上看到一位博主分享了自己用平价品牌包包搭配出大牌效果的心得。受到启发，小李开始尝试寻找价格亲民但设计独特的平替包包。经过精心挑选，她终于找到了一款外观与心仪大牌包包相似度极高的平替款，不仅满足了她的时尚需求，还节省了大笔开支。这次经历让小李深刻体会到了平替产品的魅力，她开始在更多领域寻找平替产品，如化妆品、家居用品等，成功实现了既追求品质又节省开支的生活目标。

2. 定期整理，清理冗余，巧用二手平台

家中的物品需要定期整理，以便及时发现并处理冗余物品。整理时，我们可以按照使用频率、重要性等因素进行分类，将那些长时间未使用或已经不再需要的物品挑选出来。对于这些冗余物品，我们可以选择捐赠给需要的人、二手出售或进行环保回收。这样不仅能减少浪费，还能为环保事业贡献一份力量。

小张是一位摄影爱好者，他拥有多台相机和镜头。随着技术的更新换代，一些旧设备逐渐被他闲置起来。一天，他在朋友的推荐下尝试在二手平台上出售这些旧设备。出乎意料的是，这些设备很快就找到了新主人，并且售价远高于他预期的回收价格。这次经历让小张看到了二手平台的巨大潜力。之后，他不仅将不再需要的物品放在二手平台上出售，还开始在上面寻找自己需要的二手商品。通过这种方式，小张不仅节省了开支，还实现了资源的循环利用。

3. 简约生活，追求质量而非数量

简约生活是一种追求品质而非数量的生活方式。在简约生活中，我们更注重物品的实用性和耐用性，而不是盲目追求数量和时尚。例如，在选择衣物时，我们可以优先考虑经典款式和优质面料，而不是盲目追逐潮流购买大量时尚且易过时的衣物。这样不仅能节省开支，还能减少衣物淘汰后产生的浪费。

此外，简约生活还积极倡导"一物多用"的智慧理念。这一理念鼓励我们充分发掘和利用物品的多种功能，从而减少不必要的购买和浪费，实现资源的最大化利用。在如今的生活中，这样的例子比比皆是。智能家居系统就是一个典型的应用。通过智能音箱，我们不仅可以听音乐、听新闻，还可以控制家中的灯光、空调、窗帘等，实现家居设备的智能化管理和节能降耗。再如，现代厨房中的多功能烹饪锅，集煎、炒、蒸、煮、烤等多种功能于一身，我们无须再购买各种单一的烹饪器具，大幅节省了厨房空间和开支。

4. 培养节约意识，从点滴做起

精简生活不仅是一种行动上的改变，还是一种思想上的觉醒和升华。我们需要培养一种深入骨髓的节约意识，从日常生活中的每一个细微之处做起，将节约的理念融入我们的日常生活中。例如，在用水、用电方面，我们可以采取一系列节水节电的措施，如安装节水龙头、使用节能灯具等；在饮食方面，我们可以更加合理地搭配食材，避免过量购买和浪费食物；在出行方面，我们可以选择公共交通、骑行或步行等低碳环保的出行方式，减少汽车尾气排放对环境的影响。

这些看似微不足道的节约行为，实际上却能在日积月累中产生巨大的效益。它们不仅能够帮助我们节省开支，还能够减少对环境的负面影响，促进社会的可持续发展。因此，我们应该从点滴做起，将节约的意识融入生活的每一个角落，共同创造一个更加美好、节约、环保的未来。

（三）自给自足，减少开支

在当今社会，随着生活节奏的加快和消费主义的盛行，人们往往倾向于依赖外部资源来满足日常生活所需。然而，这种过度依赖不仅增加了经济负担，还可能对环境造成不必要的压力。因此，倡导自给自足的生活方式，通过自己动手、减少对外部资源的依赖，成为一种既经济又环保的生活理念。

家庭种植是自给自足的重要组成部分。它不仅能够让我们享受到新鲜、无污染的农产品，还能在忙碌的生活中增添一份绿色与宁静。对于城市居民而言，阳台是宝贵的种植空间。你可以选择种植一些易于养护、生长周期短的蔬菜，如小白菜、葱、蒜等。只需购买适合阳台种植的容器和土壤，加上简单的灌溉和施肥，就能在家中享受种植的乐趣。这些蔬菜不仅可以满足家庭日常需求，还能节省外出购买的开销。

除了家庭种植，手工制作也是一种古老而有趣的生活方式。它不仅能让我们体验到创造的乐趣，还能减少对外部商品的依赖，从而降低生活成本。以家居装饰为例，市场上的装饰品往往价格不菲，但通过手工制作，如编织抱枕、制作相框、绘制墙画等，我们不仅可以节省开支，还能让家居环境变得更加个性化和温馨。这些手工艺品不仅具有实用价值，还能成为家庭中的独特风景。

衣物更新换代的速度越来越快，也是现代消费主义的一个缩影。许多衣物在款式过时或轻微破损后就被闲置或丢弃，造成了资源的极大浪费。然而，通过手工制作，我们可以对这些衣物进行改造和再利用。比如，将旧衣物裁剪成新的款式，或者将破损的衣物缝补成布艺饰品等。这些改造不仅能让旧衣物焕发新生，还能减少购买新衣物的需求，从而降低开支。

磊磊是一个热衷于追逐时尚潮流的小伙子，每当新款衣物上市，他总是忍不住要第一时间入手。然而，随着时间的推移，他的衣柜里渐渐堆满了各式各样的衣物，其中很多只穿过几次就被闲置了。看着这些被遗忘在角落的旧衣物，磊磊开始感到有些浪费和愧疚。有一天，他灵光一闪，决定尝试将这些旧衣物进行改造，让它们焕发新生。于是，他开始学习缝纫和编织技巧，将那些闲置的旧T恤裁剪成了环保又实用的购物袋，还将破损的牛仔裤改造成了时尚又独特的背包。

在这个过程中，磊磊不仅节省了大量的开支，还意外地发现自己的创造力和动手能力得到了极大的提升。他惊喜地发现，原来自己也可以动手制作出如此有特色的物品。更重要的是，通过这次尝试，磊磊深刻体会到了自给自足的生活方式所带来的乐趣和满足感。他意识到，这种生活方式不仅经济实惠，还能减少对环境的影响，是一种既环保又可持续的生活方式。

通过这则小故事，我们可以看到自给自足的生活方式不仅能够帮助我们节省开支、减少对外部资源的依赖，还能让我们体验到创造的乐趣并保护环境。让我们一起尝试这种生活方式，为自己和地球创造更美好的未来。

【理财感言】

生活中的每一笔消费，都蕴含着理财的学问。小窍门如同钥匙，解锁理财的智慧之门，教会我们如何精打细算，让每一分钱发挥最大价值，以及如何规划预算，避免浪费。通过这些小窍门，我们学会珍惜每一分钱，培养理财的意识和习惯。它们不仅让我们拥有更加稳健的财务状况，还让我们在简约的生活中品味到更多的幸福与满足。理财不仅是一种金钱的管理，还是一种生活态度的体现。让我们以这些小窍门为指引，用智慧点亮生活的每一个角落，让理财成为我们走向更好未来的坚实支撑。

第四节　让省钱与健康同行

一、省钱吃出健康来

省钱与健康吃饭似乎是矛盾的。一般来说，省钱只能填饱肚子，可能谈不上健康，要吃得健康就要花大价钱。但是只要你肯自己亲自动手，可以既省钱又能吃出健康来。

不会做饭可以在外面买着吃

故事 1：

晓锋与笑笑刚结婚，因为他们都是 80 后的独生子女，两人都不会下厨做饭。最后他们达成一个共识，谁都不做饭，吃饭的问题去饭店解决。就这样夫妻俩每天出入于小区附近的大小饭店。双方的父母看到他们如此的生活，也告诫他们这样是错误的。但是晓锋和笑笑都不以为然，因为他们两个人的收入在这座城市还算比较高，所以他们并没有经济压力。就这样日子一天一天过去，他们依旧在外面吃饭，后来笑笑怀孕了。他们的经济开销更多了，最后到宝宝出世，他们都没有任何积蓄。住院的钱都是双方父母给支付的，而且孩子早产，医生说是营养不良。他们都很疑惑，因为笑笑怀孕，所以他们一直都会点一些比较

这是专门为孕妇定做的饭菜。

有营养的饭菜。最后医生一语中的，"饭店里的菜会有多少营养，味精倒是不少"。这时他们才真的很后悔，钱都花了，到最后还导致自己孩子营养不良。

营养不良

故事2：

小田是一个对生活充满热情的年轻人，他深知理财的重要性，并在日常生活中不断创新以节省开支。他利用现代科技，将传统的饮食方式与现代理念相结合，创造出独特的理财之道。

首先，他发现网上的买菜超市。这是一个新兴的网络买菜平台，居民可以预约使用网络就可以买菜，并且送货到小区指定地点或者家门口，价格比日常去菜市场买菜还要便宜。不仅如此，还有很多一起买菜的人在上面与其他人分享食材挑选的注意事项和烹饪技巧。小田积极参与其中，不仅以更低的价格购买到新鲜、优质的食材，还学到许多实用的烹饪技巧，结识了一群志同道合的朋友。他们一起分享美食、交流经验，不仅节省了开支，还增进了彼此之间的友谊。

自己做饭，既健康又省钱

此外，小田还利用手机应用程序来规划自己的饮食。他下载多款食谱软件和食材比价应用，通过比较不同食材的价格和营养价值，选择最经济实惠的食材。他还学会合理搭配食材，确保营养均衡的同时，降低饮食成本。

小田的这些创新做法不仅让他在饮食上更加健康，经济实惠，还让他在其他方面的理财上也取得了成功。他将这些节省下来的钱用于投资和学习，不断提升自己的财商和综合能力。他深知只有不断创新、不断学习，才能在理财的道路上走得更远、更稳。

上述两则故事说明，花钱点外卖不一定吃到健康食物，但自己动手买菜和烹饪，可以既省钱又享受健康的美味。在当今社会，饮食消费已成为家庭总支出中的重要一环。为了既节省开支又保持健康，我们可以采取一系列创新策略。

首先，学会烹饪是关键，利用现代科技如在线烹饪教程或 App，我们可以轻松学习烹饪技巧，享受家中美食的同时减少外出就餐的开销。其次，制订一个合理的饮食计划，避免食物的浪费并确保营养均衡，这有助于我们更加明智地管理饮食开支。再次，选择时令食材是明智之举，它们不仅价格更为实惠，而且营养价值更高，如选择新鲜上市的本地水果和蔬菜。当食材价格波动，特别是某些常用食材如大蒜价格上涨时，我们可以巧妙地利用替代品来保持菜品的口感和风味，同时节省开支。例如，可以考虑使用洋葱或生姜等常见食材来替代，通过巧妙的调味和搭配，同样能够制作出美味佳肴。这样做体现了灵活应变的理财智慧，让我们在享受美食的同时，也能保持财务的稳健。最后，共享经济模式如买菜超市等，也为我们提供了降低饮食成本的新途径。通过这些方法，我们不仅能享受美食，还能在不知不觉中实现财富的积累。让我们从日常饮食开始，实践这些策略，开启理财的新篇章，迈向更加健康、富裕的生活。

二、绿色出行费用省

"千里之行，始于足下。"这句古训不仅提醒我们做任何事都要从脚下开始，更在当下这个注重环保和节能的时代，鼓励我们采用绿色出行的方式，既保护环境又节省费用。绿色出行不仅是我们对自然的尊重，还是我们对自己未来生活的投资。

小张是一名普通的都市上班族，每天需要穿越繁忙的城市街道前往公司。面对日益增长的交通费用和拥堵不堪的交通状况，小张开始寻找更加经济且高效的通勤方式。

在尝试了多种交通方式后，小张发现了骑行的魅力。他购买了一辆性价比高的自行车，并开始了骑行通勤的生活。起初，小张担心骑行会消耗大量体力，影响工作状态，但很快他就发现，适度的骑行不仅让他保持了良好的身体状态，还让他在一天的工作中精力充沛。更重要的是，骑行通勤为小张节省了大量的交通费用。与开车相比，骑行无须支付汽车所需的保险、保养、油费、停车费等费用，只需定期维护自行车即可。尤其是在北京这样的大城市，停车费用高昂，而骑行则完全避免了这一开销。

此外，骑行还让小张享受到沿途的风景和清新的空气。在拥堵的道路上，汽车只能缓慢前行，而小张却能穿梭自如，提前到达公司。这种轻松愉悦的通勤体验让小张感到前所未有的满足和幸福。骑行不仅省钱环保，还能锻炼身体、缓解工作压力。渐渐地，骑行通勤成为一种时尚和潮流，越来越多的人选择加入这个行列中。

这则故事告诉我们，可以选择骑自行车、步行、乘坐公交或地铁等绿色出行方式，既减少汽车尾气对环境的污染，又节省交通费用。在当今社会，随着环保意识的不断提高，绿色出行已经成为越来越多人的选择。

为了实现绿色出行，我们可以采取一系列措施。首先，了解并熟悉当地的公共交通系统，选择适合自己的出行方式。其次，鼓励和支持单车、电动车等新型绿色出行方式的发展。同时，我们还可以倡导拼车出行，减少私家车的使用量。

绿色出行不仅是一种环保的生活方式，也是一种健康的生活方式。让我们从现在开始，选择绿色出行，为保护环境贡献自己的力量。同时，我们也可以通过这种方式节省开支，实现财务的稳健增长。

三、身心健康系财富

在现代社会，随着生活节奏的加快和工作压力的增大，人们往往容易忽视自己的身心健康，从而陷入疾病与消耗的漩涡之中。

身心不健康，不仅会影响我们的生活质量，还会在无形中消耗掉我们的财富。当我们的身体出现疾病时，不仅需要花费大量的金钱进行治疗，还可能因此失去工作的机会，导致收入减少。此外，心理健康问题同样不容忽视。长期的心理压力、焦虑和抑郁等负面情绪，不仅会影响我们的工作效率和创造力，还可能引发一系列的心理疾病，进一步加剧我们的经济负担。

相反，只有拥有健康的身心状态，我们才能更好地投入工作和生活，拥有更高的工作效率和更好的生活质量。健康的身体让我们能够精力充沛地应对各种挑战，而健康的心理则让我们能够保持积极的心态，面对困难时更加坚韧不拔，勇往直前。只有这样，我们才能够避免因病致贫的风险，还能够通过努力工作，不断积累财富，实现自己的人生价值。

故事1：

小李是一位年轻的职场精英，他每天都在为工作忙碌，加班加点，几乎没有时间休息和锻炼。他总觉得自己年轻，身体好，不需要太在意。然而，随着时间的推移，他的身体逐渐出现了各种问题：失眠、头痛、消化不良等。他不得不频繁请假去医院看病，这不仅影响了他的工作，还给他带来了沉重的经济负担。最后，医生告诉他，他的问题都是长期忽视身心健康导致的。小李这才意识到，身心健康的重要性远超过他的想象。

故事2：

芳芳是一位注重身心健康的职场女性。她深知，只有健康的身心，才能让她在工作中更加出色，同时能让她享受更好的生活。因此，她每天都会抽出时间进行锻炼，无论是瑜伽、跑步还是游泳，她都乐在其中。此外，她还会注重饮食健康，尽量选择新鲜、有营养的食物，避免油腻和垃圾食品。她还会定期进行体检，确保自己的身体状况良好。

除了身体上的健康，芳芳还非常注重心理健康。她会在工作之余阅读一些心理学书籍，学习如何调节自己的情绪和压力。她还会定期与朋友聚会、旅行，放松心情，减轻压力。这些做法让她的身心都得到了充分的放松和恢复，使她在工作中更加从容不迫，在生活中更加快乐满足。

上述两则故事说明，健康就是我们的财富。我们应该从生活的点滴做起，重视并维护自己的身心健康，用这种特殊方式"理财"。首先，要保持良好的生活习惯，包括合理饮食、规律作息、适度运动等。这些习惯不仅有助于我们保持身体健康，还能够缓解心理压力，提升生活质量。其次，要学会调节自己的心态，保持积极乐观的态度。在面对困难和挑战时，要学会寻求帮助和支持，避免过度压力和焦虑。最后，我们要注重自我提升和学习，不断提升自己的能力和素质。这样，我们不仅能更好地应对工作和生活的挑战，还能够为未来的财富积累打下坚实的基础。

【理财感言】

让省钱与健康同行，是理财道路上应该深刻领悟的智慧。省钱不仅是积累财富的手段，还是一种生活态度，它教会我们珍惜资源，学会健康地高质量生活。而健康则是这一切的基石，没有健康的身心，财富也将失去意义。只有拥有健康的身心，我们才能更好地面对工作和生活的挑战，享受更加美好的人生。省钱与健康并行不悖，在追求财富增长的同时，我们更要注重身心健康，从生活的点滴做起，通过合理饮食、适度运动、良好作息来维护自己的身心健康。这样我们不仅能节省不必要的开支，还能享受高质量的生活，实现真正的财富积累。省钱与健康同行，让我们的理财之路更加稳健和充实，为未来的生活奠定坚实的基础。

思考题

1. 如何培养节俭的生活态度？
2. 生活消费节俭的小窍门有哪些？
3. 如何实现省钱和健康生活并存？

第五节　减少债务防风险

对于许多人来说，债务是生活中不可避免的一部分。它可能起源于购房、教育、医疗等生活需求，或是创业、投资等经济活动的必要支出。在合理的范围内，债务能为我们提供助力，帮助我们更好地调配资金，抓住生活中的机遇，实现个人或家庭的经济目标。

然而，当债务累积到一定程度，便可能从阻力变成沉重的负担。过多的债务如同悬在头顶的利剑，不仅增加了生活的压力，使我们在日复一日的利息支付中疲于奔命，还可能成为我们积累财富的绊脚石，阻碍我们实现更大的经济目标。正所谓"债多不压身，却压心"，不合理的债务风险不容忽视。

因此，理性面对债务，积极减少债务并防范债务风险，就显得尤为重要。这不仅是对个人财富的负责，还是我们走向财务自由之路的关键一步。通过合理的规划和坚定的执行，我们可以逐步摆脱债务的束缚，迈向更加宽广的理财天地，实现真正的财务自由。如何减少债务，拥有一个更加健康的财富人生，需要我们对债务风险评估有一个更加清晰的认知，财富管理学中的风险管理理论是我们所要了解的基本理论。风险管理理论涉及识别、分析和接受财富管理投资决策中的不确定性，是投资和金融领域的重要组成部分。风险管理理论要求我们识别、分析和做出有关实现目标所带来的不确定性的重要决策，以使个人能够在减轻或处理任何相关损失的同时实现目标。

在财富风险管理中，个人可以采取一些不同的步骤来进行实践。首先确定目标，然后强调与目标相关的风险。一旦知道风险是什么，就对其进行评估并研究管理这些风险的最佳方法。与此同时，个人也需要对这些方法进行监控并做出调整，以确保风险管理始终得到有效实施。

一、偿还债务定规划

在我国医药界，郭家学的名字可谓家喻户晓。他不仅是一位杰出的企业家，还是一个在逆境中不屈不挠、勇往直前的典范。然而，在成功的背后，他也经历过一段艰难的还债历程。

当年，郭家学凭借对医药行业的敏锐洞察力和独特的经营理念，创办了西安东盛集团，并在短短几年内迅速崛起。然而，随着市场的快速变化和竞争的加剧，企业开始面临巨大的挑战。由于投资失误和资金链断裂，郭家学不得不背负起数亿元的巨额债务。当时东盛集团已经欠下48亿元的债务无力偿还，本可以破产了事，但郭家学说："我们坚决不能走破产之路！哪怕倾家荡产，也要还钱。"

面对如此沉重的债务压力，郭家学没有选择逃避或放弃。他深知，只有勇敢面对并积极寻找解决方案，才能带领企业走出困境。于是他开始制订详细的还款计划。

郭家学对企业的财务状况进行了全面分析。他详细列出企业的资产和负债情况，明确债务总额和各个债权人的债务比例。通过深入剖析，他找到问题的根源，并制订了有针对性的解决方案。他根据企业的实际情况和市场环境，制订了一个切实可行的还款计划。他设定明确的还款目标和时间表，并将债务分为若干部分进行分期偿还。为了确保计划的顺利执行，他还为每个还款阶段设定具体的行动计划和资金筹备方案。

在还款计划的执行过程中，郭家学展现出惊人的毅力和决心。他带领团队优化内部管理，提高经营效率，降低成本。同时，他积极与债权人沟通，坦诚地表达企业的困境和还款的决心，并请求他们给予一定的宽限。通过与债权人的深入沟通和协商，他赢得了他们的理解和支持。

在郭家学的带领下，企业逐渐走出困境，业绩开始回升。他按照还款计划逐步偿还债务。通过一系列的努力，包括出售部分非核心资产、调整业务结构、引入战略投资者等，郭家学成功筹集到足够的资金来偿还债务。

最终，经过数年的艰苦奋斗和不懈努力，郭家学成功还清所有债务。这一壮举不仅赢得市场的广泛赞誉，还让郭家学在业界树立了诚信经营的良好形象。[1]

郭家学的故事告诉我们，面对困难和挑战时，只有制订明确的计划和目标，并付诸实践才能取得成功。他的还款计划不仅体现出他对企业未来的信心和决心，还展现出他对诚信经营的高度重视。正是因为有这样的规划和执行力，郭家学才能在逆境中崛起，实现企业的重生和繁荣。

小李是一名毕业不久的大学生，一毕业他就找到了一份心仪的工作，幸福的生活刚刚起步。他对这个世界充满好奇与热情，热衷于探索新鲜事物。无论是最新上市的电子产品，还是朋友推荐的热门餐厅，他总是忍不住想要尝试一番。然而，初入职场的他，经济实力并不足以支撑他这种肆无忌惮的消费方式。一次偶然的机会，小李接触到信用卡，它似乎为小李的购物狂欢提供了一个无限的"钱袋"。他开始频繁地使用信用卡，享受着消费的乐趣，但账单却像滚雪球一样越滚越大。

直到有一天，小李收到银行的催款通知，看着那个惊人的数字，他陷入深深的焦虑。他意识到，如果不及时采取措施，这笔债务将会像一座大山一样压得他喘不过气来。

于是小李开始冷静下来，决定制订一个还款计划。他首先列出所有

的信用卡账单，详细计算每个账单的欠款金额、利息和最低还款额。然后他结合自己的收入情况，制订了一个切实可行的还款计划。小李决定采取"先息后本"的策略，先还清利息最高的账单，以减少利息的累积。他还制定了每月的还款目标，并严格按照计划执行。为了筹集还款资金，小李开始节省开支，减少不必要的消费，并在业余时间找一份兼职工作。

经过几个月的努力，小李的信用卡账单逐渐得到控制。他按照计划逐步还清欠款，并最终成功摆脱了信用卡债务的困扰。这次经历让小李深刻体会到制订规划和努力执行的重要性。他明白了只有理性消费、合理规划，才能避免陷入债务的泥潭。

上述两则故事说明了制订还债计划的重要性。如何才能做到呢？下面的原则性建议可能对你有所帮助。

(一) 评估财务状况

全面评估自身的财务状况是制订债务偿还规划的第一步，也是至关重要的一环。这个评估过程需要细致且全面地审视我们的收入、支出、储蓄余额、资产和负债等各个方面。

在收入方面，我们要详细列出所有的收入来源，包括工资、奖金和投资收益等，并估算出每月的总收入。这样，我们就能清楚地了解自己的收入状况，为后续的还款计划提供数据支持。同时，我们要审视自己的支出情况。这包括固定支出如房租、水电费等，以及变动支出如食品、交通等。通过详细记录每月的支出，我们可以更好地掌握自己的资金流向，并找出可能存在的节约空间。在储蓄余额方面，我们需要查看自己的银行账户、投资账户等，了解现有的储蓄情况。这些储蓄可以作为我们偿还债务的重要资金来源。此外，我们还需要盘点自己的资产和负债。资产包括房产、车辆、投资等，负债则包括贷款、信用卡欠款等。通过了解自身的资产和负债状况，我们可以更准确地评估自己的财务实力。

为了明确可用于偿还债务的资金额度，我们可以根据以上各方面的数据，制定一个详细的财务报表。在这个报表中，我们可以清晰地看到每月的收入、支出以及可用于偿还债务的资金额度。

（二）列出所有债务

当我们完成了财务状况的初步评估后，就需要详细、准确地列出每一项债务，以便更好地规划和管理。我们需要收集所有关于债务的信息。这包括银行贷款、信用卡欠款、网络借贷等各种类型的债务，确保不遗漏任何一项是这一步骤的关键。我们不仅要知道债务的类型和债权人，还要了解债务的具体金额、利率以及还款期限等详细信息。

接下来，我们将这些信息记录在债务清单上。在清单中，我们可以按照债务类型、债权人或还款日期进行排序，以便查看和管理。对于每一项债务，都要在清单中详细填写相关信息，包括债务类型、债权人、债务金额、利率和还款期限等。

完成债务清单后，我们需要定期核对和更新它。这是因为我们的债务状况可能会随着时间而发生变化，如还款、新增债务等。因此，保持债务清单的准确性和完整性至关重要。

（三）制定优先还款顺序

在制订还款计划时，我们需要仔细评估每项债务的特点，并据此制定出一个合理的优先还款顺序。这样做有助于我们更有效地管理财务，减少不必要的利息支出，并降低财务风险。我们应该将高利息的债务置于优先还款的位置。

首先，高利息的债务通常意味着每月需要支付更多的利息费用，这会增加我们的负担。因此，通过优先偿还这些债务，我们可以降低总体利息支出，从而更快地摆脱债务困境。其次，短期限的债务也应该得到优先偿还。短期债务通常需要在较短的时间内还清，如果不及时偿还，可能会导致更高的逾期费用或罚款。因此，我们应该将短期债务置于优先还款的列表中，以确保按时偿还，避免不必要的额外费用。最后，我们需要考虑债务的来源和债权人的重要性。对于重要的债权人，如银行、金融机构等，我们应该给予更高的优先级。这是因为这些债权人通常对我们的信用记录有更大的影响。如果我们能够优先偿还这些债权人的债务，就可以维护良好的信用记录，为未来的贷款和信用申请创造更好的条件。

除此之外，我们还可以根据自身的财务状况和还款能力来制定个性化的还款顺序。有些人可能更关注减少每月的还款压力，而有些人则可能更希望尽快摆脱债务。因此，在制定还款顺序时，我们应该根据自己的实际情况来做出选择，以确保还款计划既可行又符合我们的需求。

（四）制订还款计划

在上述步骤都完成后，接下来根据每月可用于偿还债务的资金额度，我们可以开始规划每个月需要偿还的债务金额。

首先，将总债务按照优先顺序进行划分，然后为每一笔债务分配一个合理的偿还金额。在分配时，我们需要考虑不同债务的利率、期限和偿还方式等因素，以确保还款计划是公平和有效的。

其次，制订还款计划时，还款日期也是一个重要的考虑因素，要确保每个还款日期都是我们可控的，并且能够按时进行偿还。如果我们发现某个还款日期与我们的收入时间不匹配，或者与其他重要支出相冲突，我们可以考虑与债权人协商调整还款日期，以确保我们的还款计划能够顺利执行。

再次，还款方式也是制订还款计划时需要考虑的一个方面。我们可以选择一次性偿还、分期偿还或者最低还款额等方式来偿还债务。在选择还款方式时，我们需要综合考虑我们的还款能力、债务的性质以及利率等因素，以确保我们的还款计划是最优的。

最后，我们需要将我们的还款计划写下来，并且将其放在显眼的位置，以便我们能够随时查看和更新。在执行还款计划的过程中，我们需要保持耐心和毅力，并且根据实际情况进行必要的调整。如果发现某个月份的资金额度不足或者某个债务的利率发生了变化，我们需要及时修改我们的还款计划，以确保它仍然具有可行性和可持续性。

（五）监控债务变化

在执行还款计划的过程中，我们需要不断监控债务的变化情况。一是定期查看各个债务的余额，确保它们按照计划逐步减少。如果发现某笔债务的余额没有如预期减少，就需要分析原因并采取措施，可能的原因包括还款金额不足或还款日期出现偏差。二是要关注利率的变动。一些债务如信用卡或贷款可能会有浮动利率，如果利率上升，将会增加我们的还款压力。因此，当利率变动时，我们最好重新评估还款计划，并考虑是否需要进行调整。三是还款期限的变更也可能影响我们的还款计划。如果我们提前偿还了部分债务，那么还款期限可能会缩短。这时我们需要根据实际情况调整每月的还款金额，确保债务能够按时偿还完毕。

通过持续监控债务变化，我们可以及时发现并解决问题，确保还款计划能够顺利执行，最终成功摆脱债务困境。

（六）严格执行还款计划

制订还款计划后，确保其有效执行是关键。我们需要将还款计划纳入日常财务管理中，确保每月的还款金额被优先安排，并且足额支付。同时，要时刻关注自己的收入和支出情况，避免不必要的开销，以确保还款资金的充足。

在还款过程中，一旦遇到任何可能影响还款计划执行的情况，如收入减少和突发事件等，我们需要立即采取行动。这包括与债权人及时沟通，说明情况并寻求合理的还款延期或调整方案。通过积极地沟通和协商，我们可以共同找到解决问题的办法，确保还款计划不受影响。

此外，我们还可以考虑设置自动还款功能，以避免因遗忘或疏忽导致的逾期还款。通过严格执行还款计划，我们不仅能逐步减少债务，还能维护良好的信用记录，为未来的财务规划奠定坚实基础。

（七）养成良好的理财习惯

偿还债务不仅是一个短期的目标，还是一个长期的过程。在偿还债务的同时，我们需要养成良好的理财习惯，包括控制消费、增加储蓄、合理投资等，以确保未来的财务稳定，不再增加新的债务。通过养成良好的理财习惯，我们可以为未来的财务规划打下坚实的基础。

二、提高警惕避免债务危机

在当今社会，债务已经成为许多人生活中不可避免的一部分。无论是购房、购车，还是创业、投资，许多人会选择借贷来实现自己的目标。然而，债务并非完全无害，如果管理不当，很容易陷入债务危机，给个人和家庭带来严重的经济压力。因此，要提高警惕，避免陷入债务危机，是每个人都需要面对和解决的问题。

债务危机是指个人或企业因无法按期偿还债务而引发的经济困境。它不仅可能导致信用受损、资产冻结或拍卖，还可能导致生活质量大幅下降，甚至面临法律纠纷和破产的风险。而上当受骗和超前消费则是导致债务危机的两大重要原因。

首先，上当受骗的情况往往源于个人、家庭或企业在信息获取、判断或行为执行上的疏忽与不当。这种疏忽可能源于缺乏足够的警惕性、对风险的认识不足，或者受到欺诈者的巧妙诱导，进而做出错误的决策并遭受损失。上当受骗的严重后果之一，就是导致资金链的破裂。这种破裂可能是由于直接的经济损失，如被骗取的资金，也可能是由于欺诈行为带来的间接成本，如额外的费用或法律诉讼成本。无论是哪种情况，资金链的受损都会对个人、家庭或企业的财务状况造成严重冲击，使原有的债务无法按时偿还，从而引发债务危机。此外，上当受骗还可能导致被蒙蔽诱导产生新的债务。欺诈者常利用受害者的疏忽、缺乏经验或不当判断，诱导他们签订不利合同或承担不必要债务。这些新债务往往超出受害者承受能力，加剧其财务困境，最终可能导致债务危机的爆发。

其次，超前消费也是导致个人陷入债务危机的一个重要原因。随着现代社会的发展，超前消费已经成为一种普遍现象。许多人为了追求时尚、享受生活或者满足虚荣心，常常不顾自己的实际经济状况，过度使用信用卡、花呗、借呗、京东白条等金融工具进行消费。这种消费方式或许能带来暂时的满足，但实际上常常带来长期的负担。因为这些金融工具往往伴随着高额的利息和费用，当你在享受提前消费的便利时，可能并没有意识到这些额外的成本正在悄然累积。随着时间的推移，这些利息和费用就像滚雪球一样越积越多，最终成为一笔不小的负担。同时，超前消费还容易让人陷入一种"永远在还债"的恶性循环中。当你的收入大部分甚至全部用来偿还之前的债务时，你就很难有余力去应对生活中的其他开支或意外情况。这种持续的紧绷状态不仅会给你的经济带来压力，还会影响你的生活质量和心理健康。当个人的收入无法支撑起这种超前消费时，就会陷入债务危机之中。

因此，个人、家庭和企业应时刻保持警惕，加强风险意识，避免债务危机带来的严重后果。下面将为大家列举一些可能导致债务危机的风险点，以帮助大家更好地识别和防范潜在的风险。

（1）虚假投资陷阱。一些不法分子利用高回报的诱惑，吸引投资者进行虚假投资。他们承诺高额回报，但实际上是将投资者的资金用于非法活动或挥霍一空。当投资者发现被骗时，往往已经背负了沉重的债务。

（2）非法借贷平台与高利贷风险。一些非法的借贷平台利用高额的利息和虚假的广告吸引借款人。他们可能会故意隐瞒真实利率或收取高额的额外费用，使借款人的债务不断累积。特别是这些平台往往提供所谓"快速放款"的高利贷服务，伴随着极高的利息和严苛的还款条件，使借款人在短期内难以偿还。即使借款人原本只是面临暂时的资金缺口，也可能因为非法借贷平台和高利贷的沉重负担而陷入长期的债务危机。

（3）电信诈骗。电信诈骗是近年来常见的诈骗手段之一。骗子通过冒充银行、公检法、亲朋好友等身份，骗取受害人的个人信息和资金。一些受害人因轻信骗子的话术，将资金转入骗子指定的账户，最终导致债务缠身。

（4）超前消费陷阱。在现代社会中，信用卡、花呗、借呗、京东白条等金融工具虽然提供了便捷的支付方式，但也容易诱发超前消费。许多人沉迷于即时的满足感，过度依赖这些金融工具进行消费，而忽视了自身的实际还款能力。当收入无法支撑这种消费习惯时，就会迅速积累大量债务，最终陷入债务危机。

（5）亲友借贷风险。有时候，人们会因为亲情或友情的压力，轻易地向亲友借贷或提供担保。然而，这种非正式的借贷关系往往缺乏明确的合同条款和还款计划，容易导致双方关系紧张，甚至因债务问题引发家庭或朋友间的纠纷和矛盾。

（6）网络购物诈骗。随着网络购物的普及，一些不法分子利用虚假的网购平台或优惠活动进行诈骗。他们可能以低价商品、高额返利等为诱饵，诱骗消费者提前支付或提供个人信息。当消费者发现被骗时，不仅损失了资金，还可能因个人信息泄露而面临更多的财务风险。

故事1：

张先生是一个普通的上班族，每天朝九晚五，过着平淡的生活。他时常在思考如何能让自己的积蓄增值，以便在未来能过上更好的生活。

一天晚上，张先生在网上冲浪时，无意中看到一个投资广告的弹窗。广告上写着"10万元，3个月赚3万！"这样诱人的字眼。他点击进去后看到一个专业的网站，上面详细介绍了这个投资项目的运作方式和成功案例。张先生心动了，他想，如果这是真的，那么他的积蓄就能在短时间内翻倍。

他拨打了广告上提供的联系电话，客服小姐的声音甜美而热情。她详细介绍项目的运作方式，并承诺如果投资后不满意，可以随时退款。张先生听了更加心动，他决定试试。

他拿出自己的积蓄，又向几位朋友借了些钱，凑足 10 万元。按照客服的指示，他完成了投资的所有流程。接下来的日子里，他每天都期待着收到投资的回报。

然而，事情并没有像张先生想象的那样顺利。一个月过去了，他联系客服询问投资进展情况，但对方总是含糊其词，说项目正在顺利进行中，但具体细节不便透露。张先生开始有些不安，但他还是选择了相信。

又过了一个月，张先生再次联系客服，但这次对方的态度明显冷淡了许多。他询问何时能收到回报，对方只是敷衍地说还需要再等等。张先生开始怀疑这个项目的真实性。

到了第三个月，当张先生再次尝试联系客服时，发现电话已经打不通了。他上网查看公司的网站，发现已无法访问，这时他意识到自己可能被骗了。

张先生感到十分沮丧和愤怒。他不仅要承受自己的积蓄打水漂的痛苦，还要面对朋友们的债务压力。他开始反思自己的决定，意识到自己只是追求高回报，而忽视风险和诈骗投资的存在。

这个经历让张先生深刻体会到投资风险和陷阱。他明白了在追求财富的过程中不能盲目追求高回报，而要对投资项目进行充分的调查和风险评估。他也学会了保护自己的个人信息和资金安全，避免再次陷入类似的陷阱。

故事2：

作为一名"北漂"，李先生经过多年打拼和积累，终于在北京这座城市安了家。他站在新家的阳台上，眺望着繁华的街景，心中充满了自豪和感慨。然而，这份喜悦背后，也伴随着高额的房贷压力。尽管生活压力巨大，但他依然保持着乐观的心态，期待有一天能够摆脱房贷的束缚。

一天，李先生接到一个自称是银行客服的电话。电话那头的声音听起来非常专业，对方称："您好，李先生，我是××银行的客服，我们监测到您的银行卡存在异常交易，为了保障您的资金安全，我们需要您提供银行卡信息和验证码来进行验证。"

李先生一听是银行的电话，心想保护自己的资金安全是非常重要的，加上对银行一直以来的信任，于是他没有多想，就按照对方的指示，提供自己的银行卡号和验证码。操作完成后，他松了一口气，以为银行已经帮他解决了问题，保护了他的财产安全。

然而没过多久，李先生就收到一条银行发来的扣款通知。他惊讶地发现，自己银行卡里的钱竟然被转走了！他立刻意识到，自己可能遭遇了电信诈骗。

李先生急忙拨打银行的客服电话进行确认，但银行的工作人员告诉他，他的资金已经被转到一个陌生账户上，且这笔交易是在他提供验证码后完成的，银行无法为他追回损失。

李先生感到愤怒又无助，他不明白为什么自己这么容易就被骗子骗了。为了追回损失，他不得不向警方报案，并提供相关证据。但是追回资金的过程并不顺利，他需要花费大量的时间和精力去配合警方的调查。

由于这次被骗，李先生的资金更加紧张，眼看就要到房贷的还款日，他不得不向亲友借贷，以维持日常的生活开支和还款。然而，借款的利息和还款的压力让他倍感焦虑，最终陷入更深的债务危机。

这个经历让李先生深刻体会到电信诈骗的危害和可怕。他意识到，在接到陌生电话时，一定要保持警惕，不要轻易相信对方的话，更不要随意提供个人信息和验证码。

上述两则故事说明，理财投资的风险、陷阱和电信诈骗无处不在，需要我们擦亮眼睛加以辨别。以下若干条小策略也许可以帮助你避免陷入债务危机。

（1）增强风险意识。首先，我们要增强风险意识，认识到债务危机的严重性和复杂性。在借贷或投资前，要充分了解相关的风险和潜在的问题，并谨慎评估自己的还款能力和风险承受能力。其次，要保持理性思考，避免被虚假的高回报所诱惑。

（2）谨慎选择借贷和投资平台。在选择借贷和投资平台时，我们要谨慎选择那些信誉良好、合法合规的平台。可以通过查看平台的资质、了解平台的业务模式、查看用户评价等方式来评估平台的可靠性。避免选择那些非法或存在风险的平台，以免陷入债务危机。

（3）保护个人信息和资金安全。保护个人信息和资金安全是避免上当受骗的关键。我们要时刻保持警惕，不要轻易将个人信息和资金透露给陌生人或未经证实的平台。同时，要定期更换密码、使用复杂密码、启用安全验证等措施来加强账户安全。

（4）了解法律知识和维权途径。了解相关的法律知识和维权途径是保护自己权益的重要手段。我们可以通过阅读相关法律法规、咨询专业律师等方式来了解自己的权利和义务。当发现自己被骗时，要及时向公安机关报案并寻求法律帮助。

（5）多元化投资降低风险。多元化投资是降低投资风险的有效手段。我们可以通过将资金分散投资于不同的领域和资产类别来降低单一投资的风险。同时，要关注市场动态和政策变化，及时调整投资策略以降低风险。

（6）建立健全财务管理体系。建立健全的财务管理体系是避免债务危机的关键。我们要定期对自己的财务状况进行审计和评估，确保收入和支出的平衡。同时，要制订详细的财务计划和预算方案，并严格按照计划执行。当发现财务状况出现问题时，要及时采取措施进行调整和优化。

（7）提高识别和应对诈骗的能力。针对各种诈骗手段，我们要提高识别和应对的能力。我们可以通过学习相关的防诈骗知识和技巧、关注官方渠道发布的防诈骗信息等方式来提高自己的识别和应对能力。同时，我们要保持警惕和冷静，不要轻易相信陌生人的话术和承诺。

避免债务危机需要我们提高警惕并采取相应的措施。在借贷和投资前，我们要充分了解相关的风险和潜在问题，并谨慎评估自己的还款能力和风险承受能力。同时，我们要保护个人信息和资金安全、了解法律知识和维权途径、多元化投资降低风险，以及建立健全财务管理体系等。只有这样，我们才能有效地避免债务危机的发生，保障自己和家庭的财务安全。

【理财感言】

在理财的道路上，"减少债务防风险"不仅是原则，还是智慧。理财的本质在于稳健与智慧并存，而债务风险则是我们必须面对的挑战。减少债务意味着我们要学会节制与自律，将资源用在刀刃上，而非盲目扩张。防范风险，则是对未来的深思熟虑与规划，确保我们的财务安全不受威胁。

"减少债务防风险"这7个字不仅提醒我们理财需谨慎，更教导我们如何把握生活的平衡。减少债务，我们才能在财务上获得更多自由；防范风险，我们才能拥有更稳健的未来。让我们在理财的道路上，不断学习和成长，用智慧减少债务，用谨慎防范风险，共同迈向更加美好的明天。

思考题

1. 如何避免自己陷入债务危机？
2. 如何制订详细的生活债务偿还计划？
3. 如何提高自己的风险意识？

第六节　合法和智慧运用税收优惠

一、依法报税有智慧

依法报税是每个公民应尽的基本责任，它体现了对法律的尊重和社会的责任感。然而，报税不仅是一种义务，还是一种智慧的展现。在遵守税法的前提下，我们可以巧妙地利用个人所得税的退税政策，实现合法节税，为财务规划增添一笔可观的收入。退税政策是国家为了鼓励个人合理消费、投资而设立的，通过了解并合理利用这些政策，我们可以在确保合法性的同时，减轻个人税负，提高可支配收入。这不仅需要我们对税法有深入的了解，还需要我们具备一定的财务规划能力，以便将退税收入合理运用到投资、储蓄等方面，从而实现财务的优化和增值。因此，依法报税不仅是一种责任，还是一种智慧的体现，它让我们在履行义务的同时，也为个人财务的发展提供更多的可能性。

在一个繁华的都市里，张某是一位知名的网络主播，他以幽默风趣的直播风格和广泛的知识面在网络上积累了大量粉丝。他的直播间每晚都热闹非凡，礼物和打赏不断，为他带来了可观的收入。

随着名气的增长和收入的增加，张某开始享受起这种高收入带来的生活品质的提升。他购买了豪车、豪宅，并频繁出入高档消费场所。然而，在享受这些物质的同时，张某却在税务问题上动起了歪脑筋。

起初，张某只是简单地忽略了部分直播收入的申报，认为这些"小钱"不会引起税务部门的注意。但随着时间的推移，他发现通过隐瞒收入、虚构开支等方式，可以大幅减少自己应缴的个人所得税。这种"轻松"的赚钱方式让张某逐渐陷入了偷税的漩涡。

张某开始精心策划每一笔收入的流向，利用多个银行账户和第三方支付平台来转移和隐藏资金。他还雇用了一名"财务顾问"，帮助他设计复杂的财务方案，以规避税务检查。然而，这些看似高明的手段，在税务部门的专业面前却显得漏洞百出。

终于，在一次全国范围内的网络主播税务专项检查中，张某被税务部门列为重点检查对象。经过一系列的调查和取证，税务人员发现张某存在严重的偷税行为，涉及金额巨大。

面对税务部门的指控，张某起初还试图狡辩和抵赖，但在确凿的证据面前，他最终不得不承认自己的错误。税务部门依法对他进行了处罚，追缴了他偷逃的税款、滞纳金，并给予了相应的行政处罚。

这次事件对张某来说是一次沉重的打击。他不仅失去了多年的积蓄和财产，还失去了粉丝的信任和支持。他的直播间人气大跌，广告商和合作伙伴也纷纷撤离。张某意识到，自己的贪婪和短视最终导致了这样的结果。

张某的税务风波为我们敲响了警钟，深刻揭示了个人及企业在理财活动中必须严格遵守国家法律法规的重要性。依法进行个人所得税及企业税款的申报与缴纳，不仅是每个纳税人应尽的责任与义务，还是维护个人信誉、保障企业稳健发展的基石。我们应该树立正确的理财观念，避免过度追求利益而忽视税务合规的重要性。偷逃税款享一时之利，最终使人身陷囹圄。在减免税务中不正确、不合法的做法不能达到理财的目的，反而会让自己承担巨额的罚款，甚至是牢狱之灾。那么，如何做到通过依法报税从而实现税务减免，达到真正理财的目标呢？以下是关于个人所得税退税和免税的一些规定，可以帮助你全面了解这方面的法规和政策信息。

(一) 深入了解个人所得税退税政策

明确个人所得税退税的基本条件和范围是关键，通常个人所得税退税的条件包括纳税人符合一定的纳税要求，如达到一定的纳税额度，同时，其支出项目需要符合政策规定的退税范围。退税范围通常包括一些特定的支出项目，如子女教育、住房贷款利息、大病医疗等。

以子女教育为例，退税政策通常涵盖学前教育、义务教育、高中教育以及高等教育等各个阶段的学费支出。这些支出包括学费、书本费、学习用品等直接与教育相关的费用。同时，政策还规定了子女教育的退税比例和上限，以确保纳税人能够合理享受优惠。

住房贷款利息退税则主要针对纳税人购买首套住房所产生的贷款利息。这一政策旨在鼓励居民购买住房，促进房地产市场的稳定发展。退税比例和上限通常根据贷款金额和利率等因素确定，以确保纳税人能够切实享受到优惠。

大病医疗退税则关注纳税人或其家庭成员因患有特定疾病而产生的高额医疗费用。这一政策旨在减轻纳税人的经济负担，保障其基本生活需求。退税范围和比例通常根据疾病的种类和治疗费用等因素确定，以确保纳税人能够得到有效支持。

个人养老金退税政策是国家为鼓励参保人积极缴纳个人养老金而出台的一项措施。根据政策，参保人在满足一定条件，如退休、子女教育、赡养老人、支付住房租金或捐赠等情况下，可以申请个人养老金退税。退税金额的计算基于个人的应税收入和税率，每年最高可退税5400元。

除了了解退税政策的基本条件和范围，我们还需要关注该政策的变化和更新。由于经济环境和社会需求的变化，个人所得税退税政策也可能会随之调整。因此，我们需要及时关注政策动态，了解最新政策内容和操作流程，以确保自己的财务规划与之保持一致。

为了更好地利用个人所得税退税政策，我们还可以咨询专业人士或利用互联网资源进行深入学习。税务专家或会计师能够为我们提供专业的建议和指导，帮助我们更好地理解和应用退税政策。而互联网资源则为我们提供便捷的信息获取途径，使我们能够随时了解政策动态和解读。

总之，深入了解个人所得税退税政策，是依法报税有智慧的重要体现。通过掌握政策内容和操作流程，我们能够更好地利用这一政策为财务规划增添一笔可观的收入，实现个人财务的优化和增值。

（二）充分利用附加扣除项目

税务扣除部分是影响应纳税额的关键因素之一。在每年申报个人所得税时，我们可以根据自己的实际情况，增加附加扣除项目，如继续教育、赡养老人等，从而降低应纳税额，实现退税。这需要纳税人详细了解个人所得税法规定的附加扣除项目，包括子女教育、继续教育、大病医疗、住房贷款利息、住房租金、赡养老人等。这些扣除项目都有其特定的扣除条件和标准，纳税人需要确保自己符合相关条件，并了解具体的扣除范围和标准。

以下是针对各个附加扣除项目的一些实际例子：

有关子女教育：退税条件是纳税人的子女在境内接受学前教育、义务教育、高中教育以及高等教育等阶段的相关支出，可以按照每个子女每年 24 000 元的标准定额扣除。

张先生的女儿正在上小学，每年学费、书本费、学习用品等支出共计 10 000 元。在申报个人所得税时，张先生可以选择按照每年 24 000 元的定额标准扣除，即使实际支出只有 10 000 元，也能享受全额扣除。

有关继续教育：退税条件是纳税人在中国境内接受学历（学位）继续教育的支出，在学历（学位）教育期间按照每月 400 元定额扣除。同一学历（学位）继续教育的扣除期限不能超过 48 个月。对于接受技能人员职业资格继续教育、专业技术人员职业资格继续教育的支出，在取得相关证书的当年，按照 3600 元定额扣除。

李女士为了提升自己的职业技能，参加了某职业资格培训并成功获得证书。在取得证书的当年，她可以在个人所得税申报时享受3600元的定额扣除。

有关大病医疗：退税条件是纳税人在一个纳税年度内，在社会医疗保险管理信息系统记录的（包括医保目录范围内的自付部分和医保目录范围外的自费部分）由个人负担超过15 000元的医药费用支出部分，为大病医疗支出，可以按照每年80 000元的限额据实扣除。大病医疗专项附加扣除由纳税人办理汇算清缴时扣除。

王先生的父亲因重病住院治疗，全年医疗费用共计20万元，其中医保报销了10万元。在办理个人所得税汇算清缴时，王先生可以将剩余的10万元医疗费用中超过15 000元的部分（即85 000元）作为大病医疗支出进行扣除，但最高扣除限额为80 000元。

有关住房贷款利息：退税条件是纳税人本人或者配偶单独或者共同使用商业银行或者住房公积金个人住房贷款为本人或者其配偶购买中国境内住房，发生的首套住房贷款利息支出，在实际发生贷款利息的年度，按照每月1000元的标准定额扣除，扣除期限最长不超过240个月。

赵先生购买了一套首套住房，并申请了商业贷款。在贷款期限内，他每个月需要支付一定的利息。在申报个人所得税时，赵先生可以按每月1000元的标准定额扣除住房贷款利息支出。

有关住房租金：退税条件是纳税人在主要工作城市没有自有住房而发生的住房租金支出，可以按照以下标准定额扣除：直辖市、省会（首府）城市、计划单列市以及国务院确定的其他城市，扣除标准为每月1500元；除上述所列城市外，市辖区户籍人口超过100万的城市，扣除标准为每月1100元；市辖区户籍人口不超过100万的城市，扣除标准为每月800元。

刘女士在北京工作并租房居住。在申报个人所得税时，她可以按每月1500元的标准定额扣除住房租金支出。

有关赡养老人：退税条件是纳税人赡养一位及以上被赡养人的赡养支出，统一按照以下标准定额扣除：纳税人为独生子女的，按照每月3000元的标准定额扣除；纳税人为非独生子女的，由其与兄弟姐妹分摊每月3000元的扣除额度，每人分摊的额度不能超过每月1500元。可以由赡养人均摊或者约定分摊，也可以由被赡养人指定分摊。约定或者指定分摊的须签订分摊协议，指定分摊优先于约定分摊。具体分摊方式和额度在一个纳税年度内不能变更。

陈先生是家中独生子，父母均已年满60岁。在申报个人所得税时，他可以按照每月3000元的标准定额扣除赡养老人的支出。如果陈先生有兄弟姐妹，则需要与他们共同分摊这3000元的扣除额度。

为了享受这些附加扣除项目，纳税人需要准备相应的证明材料。例如，子女教育扣除项目需要提供子女的学籍证明、学费发票等；继续教育扣除项目需要提供参加培训或学习的证明材料，如培训合同、学费发票等；赡养老人扣除项目需要提供被赡养人的身份证明、关系证明以及赡养支出凭证等。因此，纳税人在日常生活中应注意收集并整理这些证明材料，确保在申报时能够顺利提交。

（三）精准计算与申报

在个人所得税的退税过程中，精准的计算和申报是确保纳税人能够充分享受税收优惠、降低税负的关键步骤。这一流程不仅要求纳税人具备对退税政策和附加扣除项目的深入了解，还需要他们具备精确计算自己收入、扣除项以及应纳税额的能力，并确保申报数据的准确性和合规性。

首先，精准计算是退税过程的基础。纳税人需要全面梳理自己的收入来源，包括工资、奖金、劳务报酬等，并准确计算各项收入的总额。同时，纳税人需要详细了解个人所得税法规定的各项扣除项目，如子女教育、继续教育、大病医疗、住房贷款利息、住房租金、赡养老人等，并根据自己的实际情况确定可以享受的扣除金额。在此基础上，纳税人需要按照税法规定的税率和速算扣除数，准确计算出自己的应纳税额。

其次，确保申报数据的准确性和合规性是退税成功的关键。纳税人需要仔细核对计算出的应纳税额，确保没有遗漏或错误。同时需要注意保留和整理好相关的证明材料，如发票、合同、证明文件等，以备税务机关核查。在填写申报表时，纳税人需要按照税务机关的要求，如实填写各项信息，确保申报数据的真实性和完整性。

再次，及时申报也是退税过程中不可忽视的一环。纳税人需要了解并遵守税务机关规定的申报时限，确保在规定的时间内完成申报，避免错过退税的时间窗口。一般来说，个人所得税的申报时间为每年的 3 月 1 日至 6 月 30 日，纳税人需要在这个时间段内完成上一年度的个人所得税申报。如果错过这个时间窗口，纳税人可能会面临被税务机关追缴税款和滞纳金的风险。

最后，精准计算和申报是实现退税的关键步骤。纳税人需要全面了解退税政策和附加扣除项目，准确计算自己的收入、扣除项目以及应纳税额，并确保申报数据的准确性和合规性。同时，纳税人需要注意及时申报并关注退税的时间窗口，以确保能够顺利享受税收优惠、降低税负。

（四）持续优化财务规划

依法报税有智慧还体现在我们对财务规划的持续优化上。我们可以根据每年的退税情况，调整自己的收入结构、支出计划和投资策略，以更好地利用税收优惠政策，实现财富的稳健积累。

每年退税后，纳税人应首先分析退税的原因。是因为收入结构的变化、扣除项的增加，还是由于税收政策的调整？了解退税原因有助于我们更有针对性地调整财务规划。

如果退税是因为某类收入过多导致税率较高，纳税人可以考虑调整收入结构，比如增加低税率或免税收入（如投资理财产品的利息或收益）的比例。

纳税人也可以根据退税情况，优化日常支出计划。例如，某纳税人在过去一年享受较多的住房租金扣除，这意味着他在住房租金方面的支出相对较高。在退税后，纳税人可以分析这一支出情况，并考虑在下一年度优化自己的住房支出计划。如果纳税人发现目前租住的房屋租金过高，且超出自己的经济承受能力，他可以考虑在租房市场上寻找更为经济实惠的房源。通过调整居住区域、选择合租或选择更小的居住空间等方式，纳税人可以在保证居住舒适度的同时，降低住房租金支出，从而优化日常支出计划。

如果发现自己在租房方面支出过高，而同时有一定的储蓄或投资能力，纳税人还可以考虑购买房屋作为长期投资。通过贷款购房并合理规划还款计划，纳税人可以在享受税收优惠的同时，实现资产的增值和保值。

纳税人通过分析退税情况，如果发现自己在某一方面的支出过高，可采取调整居住方式、选择更经济的房源或考虑长期投资等方式来优化支出计划，确保财务的稳健管理。

退税情况也可以作为调整投资策略的依据。例如，如果某年股票投资收益较高导致税负增加，纳税人可以考虑将部分资金转投至债券、基金等低税负的投资品种。

二、善用税收优惠政策

在财务管理与规划的广阔领域中，善用税收优惠政策不仅是法律赋予纳税人的权益，还是实现财务优化与促进长期收益增长的重要策略。这些优惠政策不仅有助于降低纳税人的税负，还能引导纳税人更为合理地规划财务，从而达到开源节流的效果。以下是一些具体的税收优惠政策：

（一）利用创业投资的税收优惠政策

对于创业者或投资者来说，了解并利用创业投资的税收优惠政策是降低投资风险、提高投资收益的重要手段。例如，国家对于创业投资企业给予一定的税收优惠，包括减免税率、抵扣投资成本等。我们可以通过合理规划投资方向和方式，享受这些优惠政策带来的好处。

一是企业所得税优惠。创业投资企业投资初创科技型企业，按投资额70%抵扣应纳税所得额。这意味着，如果一家创业投资企业投资了一家初创科技型企业，并持有其股权满2年，那么这家创业投资企业可以按照投资额的70%在当年抵扣其应纳税所得额。高新技术企业则按15%的税率征收企业所得税，而一般企业的税率为25%。

二是个人所得税优惠。有限合伙制创业投资企业的个人合伙人投资初创科技型企业，同样可以按投资额70%抵扣应纳税所得额。同时，国家级、省部级以及国际组织对科技人员颁发的科技奖金免征个人所得税。

三是增值税优惠。根据政策，内资研发机构与外资研发中心采购国产设备全额退还增值税。

针对以上一些税收方面的优惠，为了制定有效的投资战略并充分利用税收优惠政策，进而为企业的降本增效提供坚实助力，以下是一些方向性的建议：

选择正确的投资方向。投资者应关注国家鼓励发展的高新技术产业、初创科技型企业等，这些领域通常能享受到更多的税收优惠政策。投资高新技术企业，不仅可以直接享受低税率优惠，还有助于企业技术创新和产业升级。

合理安排投资时间。确保投资满足税收优惠政策的持有期限要求，如2年或以上。提前规划好投资退出时间，避免因为提前退出而失去税收优惠资格。

选择合适的投资形式。有限合伙制创业投资企业因其特定的税收优惠政策，如个人合伙人可享受投资额70%的应纳税所得额抵扣，成为投资者的一种选择。考虑与高新技术企业进行技术合作或股权投资，以享受相关税收减免政策。

（二）关注节能环保的税收优惠政策

随着环保意识的提高，国家对于节能环保领域的税收优惠政策也日益增多。对于购买节能环保产品的消费者或企业，国家给予一定的税收减免或补贴。

增值税优惠。对于生产和销售节能环保产品的企业，国家通常会给予增值税的减免。这包括降低增值税率、增值税即征即退等措施，旨在降低企业的税收负担，鼓励其投入更多资源进行节能环保产品的研发和生产。

企业所得税优惠。对于从事节能环保项目或投资于节能环保技术的企业，国家会在企业所得税方面给予一定的优惠。例如，对于符合条件的节能环保项目，企业可以享受企业所得税的"三免三减半"政策，即前3年免征企业所得税，后3年减半征收。

购置节能环保设备税收抵免。企业购置节能环保设备时，可以将其投资额的一定比例用于抵免企业所得税。这一政策鼓励企业积极采用先进的节能环保技术，降低能源消耗和污染排放。

（三）合理利用住房相关的税收优惠政策

住房问题是许多家庭和个人关注的重点。在财务管理与规划中，善用住房相关的税收优惠政策可以帮助纳税人降低购房和租房成本，提高居住品质。

房产税优惠：对于个人或企业持有的房产，国家也会根据具体情况给予房产税方面的优惠。对于个人购买的普通住房，如果符合一定条件（如面积、价格等），可以享受房产税的减免或优惠税率。

住房公积金在税收优惠的相关政策上也有体现，如缴存部分免税：

个人按照规定的比例缴存住房公积金的部分，免征个人所得税。这意味着，职工在缴存住房公积金时，这部分资金不会计入个人所得税的应税收入中，从而降低了个人所得税的税负。

提取住房公积金免税：当职工需要使用住房公积金支付购房、租房、偿还房贷等住房相关支出时，提取的住房公积金部分也是免税的。这不仅为职工提供了更为灵活的资金使用方式，也进一步减轻了他们的经济负担。

（四）持续关注并适应政策变化

税收优惠政策是国家为鼓励特定经济活动、调节社会收入分配而制定的重要政策工具。然而，这些政策并非一成不变，而是会根据国家经济形势、财政需要以及社会发展目标等因素进行不断调整和优化。因此，持续关注并适应政策变化，对于我们合理利用税收优惠政策，实现理财与规划中的开源节流效果至关重要。为此我们可以采取以下措施：

定期查阅相关政策信息。通过官方渠道、新闻媒体、专业机构等途径，及时获取最新的税收优惠政策信息。了解政策的具体内容、适用范围、优惠幅度以及申请条件等，确保自己在享受政策优惠时不会错过任何机会。

学习解读政策变化。税收优惠政策往往涉及复杂的税法知识和专业术语，我们需要具备一定的学习能力和理解能力。通过参加培训课程、阅读专业书籍、咨询专业人士等方式，不断提升自己的政策解读能力，确保能够准确理解政策意图和操作方法。

调整理财与规划策略。在了解政策变化后，我们需要根据新的政策环境调整自己的理财与规划策略。例如，如果国家提高了住房贷款利息扣除的额度，我们可以考虑增加购房贷款的比例以降低购房成本；如果国家出台了新的住房公积金政策，我们可以根据政策要求调整自己的缴存和提取计划。

关注政策发展趋势。除了关注当前的税收优惠政策，我们还需要关注政策的发展趋势。通过对政策背景、目标以及未来可能变化进行预测和分析，我们可以提前制定应对策略，确保自己在未来的理财与规划中能够持续享受政策优惠。

持续关注并适应政策变化是我们合理利用税收优惠政策的关键。通过不断学习、理解和适应新的政策环境，我们可以更好地实现理财与规划中的开源节流效果，为自己和家庭创造更多的财富和价值。

【理财感言】

明晰税收优惠政策，让我们在规划财务时能够更加精准地把握政策脉络，合理利用资源，实现资产的优化配置。税收优惠不仅是一种政策优惠，也是对我们理财能力的肯定和鼓励。在追求财富增长的过程中，我们要不断学习和进步，将税收优惠的智慧融入理财策略中，让每一笔投资都更加明智和高效。

思考题

1. 有哪些渠道可以了解国家税收政策？

2. 你如何看待现在明星存在的偷税、漏税现象？

3. 如何正确运用税收优惠政策？

推荐书目

1. 《理财就是理生活》，艾玛·沈，电子工业出版社 2018 年版。

2. 《邻家的百万富翁》，托马斯斯坦利著，王正林、王权译，中信出版社 2011 年版。

3. 《预算大师的理财课》，杰西·米查姆著，孙惟佳译，山西人民出版社 2020 年版。

推荐电影

《金钱与我》（2016 年），彼得·卢恩执导。

第四篇

选好适合途径
让钱为你工作

在理财这个观念出现在人们的生活中时，多数人想到的就是把多余的钱存进银行，赚取一些微薄的利息，这样就是理财了；后来股市火爆的时候，人们又片面地认为，理财就是买股票，做股民……其实，理财并不是一个片面的概念，它的范围很广，任何有利于让自己的资金活起来的管理方式都可以称为理财。而我们如果想要通过理财来使自己的财富不断升值，那么就应该采用一类或多类金融投资工具，通过一种或多种途径来达成自己的经济目标。一个人如果不懂得合理支配或使用理财手段来管理自己的金钱，那么注定只能使自己的财富在不知不觉中流失。

【阅读提示】

1. 认识储蓄的好处、选择方式、科学合理储蓄的方法。

2. 了解保险、债券、基金、黄金等多种理财方式的特点、收益与风险，以及投资策略。

3. 理解选择适合自身情况的理财方式的重要性，掌握选择的方法和基本的理财原则。

第一节 基础安全的理财方式——储蓄

我国大众选择理财方式时，首先考虑的是安全。储蓄是一种将资金存入银行或其他金融机构，以获取利息收入并保障资金安全的理财方式。它具有门槛低、安全性和流动性强、收益相对较低但稳定的特点。

小李大学毕业之后留在上海，在一家外资企业工作，每月收入有4500元。他所在的企业为他缴纳各种保险，而且父母有自己的收入，所以他没有任何家庭负担，他的收入几乎都可以自由支配。也正因如此，小李成为一个标准的"月光族"，工作3年下来，几乎没有存款。

随着年龄的不断增长，小李感到生活压力越来越大，但他并不知道选择什么样的理财方式。而女朋友催着要结婚、要买房……小李也想过购买一些股票或者基金，但是自己手中并没有太多的现金，又不好意思向父母借钱。最终女朋友为他出了一个主意，"咱们要不学人家炒股吧"。但他们后来又考虑，无论是炒股还是买基金，且不说风险高，自己不懂并不在行，如果赔了，有可能就会血本无归。商量后的结果是，不如就存银行吧，既简单又安全，而且有固定收益，非常省心！小李最终和女朋友把两个人手中的钱都存进银行，但他也不清楚这样做到底对不对！

上述故事说明，对于初入职场的大学生或者刚进入社会的年轻人来说，大多数人经济收入低，都没有太多的储蓄，缺乏必要的理财知识……因此，对于这个阶段的人群，想要理财就应该抓住重点，懂得

"节流"，进行更多的储蓄，加强投资理财知识的学习，培养自己的理财意识，锻炼自己的理财能力，为日后投资做必要的准备。像小李的收入，在上海可能并不是特别高，但是如果工作之后他能够对自己的收入进行一个合理的规划，进行有计划的储蓄和一些合理的投资，相信他一定不会在女朋友面前感到窘迫和困惑。

一、储蓄的好处

储蓄一直是我国城乡居民普遍选择的理财方式，几乎每个有经济能力的人，都会或多或少地持有一些存款。在国外，储蓄更是一种非常重要的理财方式，对于那些重视理财的家庭来说，他们甚至会让孩子从认识钞票开始，就鼓励他们储蓄。由此可见，储蓄是最基本和最传统的一种理财方式。

对于大多数人而言，储蓄不仅可以让人们有计划地花钱，还有助于培养人们养成勤俭持家的好习惯。最重要的是，人们可以完全根据自己的个人意愿选择储蓄的存期，并自由选择不同的储蓄种类，让自己从中获得最大的收益。那么，储蓄的好处究竟有哪些呢？

无论选择哪种储蓄方式，人们都可以从中获得稳定的利息收入。或许有人会问，利息是怎么产生的呢？其实，银行在吸收储户的存款之后，就会把这些钱贷款给那些需要用钱的人，并从中收取较高的利息，这样银行就可以从中赢利。为了广泛吸收存款，银行会把获取的利润按照适当的比例分给存款人，这样储蓄的利息就产生了，本质上是企业利润的一种转化。近年来，尽管银行利率不断下调，但是低息环境下，储蓄仍是很多老百姓的首选，因为安全、灵活且收益稳定。

储蓄不仅能够帮助人们有效地管理富余的收入，还能促进形成合理用钱的好习惯。如果每个月强制性地在银行存入固定金额的钱，非常有助于人们有计划、有条理地安排自己的收入和支出。人们在收入没有提高的情况下，通过尽量减少不必要的支出，可以达到勤俭节约的目的。

这一点对于年轻人来说，是非常具有借鉴意义的。

二、选择储蓄方式很重要

我国的储蓄方式有很多种类，储户可以根据自己的实际情况选择适合自己的储蓄类型。对于大多数人而言，他们最熟知的就是定期储蓄和活期储蓄。其中，定期储蓄有约定的存款时间，而活期储蓄是一种没有时间限制，随时存，随时取，也没有固定金额限制的灵活储蓄方式。

根据中国人民银行对存款分类的相关定义，目前在我国金融市场上，银行存款类型包括：活期存款、定期存款、大额存单、通知存款、协定存款、结构性存款、特色存款（存单）、特定养老储蓄和专属（特定）存款等。其中，定期存款又可以分为：整存整取（期限有3个月、6个月、1年、2年、3年、5年）、零存整取、整存零取、存本取息、定活两便等。不同期限的存款对应不同的利息。

在众多存款类型中，整存整取和个人通知存款因其独特性和广泛应用而备受关注。

整存整取，顾名思义，是要整笔存入，到期后一次性支取本息，存期可以分为3个月、6个月、1年、2年、3年、5年，一般存期越长，利率就会越高。

个人通知存款是指存款时不必约定存期，但支取时需要提前通知银行，约定支取存款的日期和金额。按储户提前通知银行时间的长短，个人通知存款可以分为一天通知存款和七天通知存款。个人通知存款采用的是记名存单的形式，存单和存款必须注明"通知存款"的字样。个人通知存款需一次性存入至少5万元，之后可以分次支取，但每次支取不得少于5万元，且支取后账户余额需保持不低于5万元，否则银行可能会清户。请注意，具体规定可能会因银行和地区的不同而有所差异，建议在办理个人通知存款前详细咨询当地银行的相关规定。个人通知存款因为存期灵活，支取方便，同时能获得较高的收益，因此十分适合那些数额较大，存取比较频繁的储户。

理财者可以根据自己的财务状况，合理选择不同类型的储蓄方式。

三、科学合理储蓄

虽然大多数人对储蓄不陌生，但能够真正做到科学储蓄的人并不多。对于大多数人而言，他们之所以选择储蓄，是为了强制自己存钱，克制胡乱花钱的行为。从理财的角度来看，他们的储蓄行为都是不科学的。那么，怎么储蓄才是科学合理的储蓄呢？如何才能把储蓄上升到理财的高度？

其实，理财的最终目的就是服务人生，每个月的储蓄都会变成以后投资的来源。因此，合理的储蓄应该是和理财目标紧密相连的，每个人应该存入的金额也应该是经过精确计算的。只有合理地储蓄，才能一步步实现自己的理财目标。当在储蓄的过程中遇到开支方面的压力时，如果收入没有增加，我们就要适时调整自己的理财计划，适时延长理财目标实现的期限，让自己的储蓄理财目标变得更加合理。当然，储蓄作为一种理财方式，是一个非常漫长的过程，只有树立长期坚持的观念，才能为以后的投资积累更多的资本，顺利完成自己的财富目标。

随着社会的不断发展，人们的储蓄意识不断加强。作为积累手段，储蓄能够使生活增加一份保障；作为投资手段，储蓄是通过积累本钱来创造更多的财富。再加上储蓄存取自由，安全性高，收益稳定的优势，无论是对个人理财，还是家庭理财来说，都是非常不错的选择。如果储户能够科学安排，合理配置资产，选择真正适合自己的储蓄方式，并发挥储蓄的投资功能，就能让储蓄更好地为我们的生活服务。

四、储蓄理财全攻略

在当前经济环境下，储蓄作为大众主流的理财方式，以其操作简便、安全可靠的特点受到广泛欢迎。以下是一些常用的储蓄理财策略：

（1）目标导向储蓄。根据家庭实际需求（如大额购物）制订储蓄计划。每月领取薪水后，先预留基本生活费，剩余资金按用途选择合适的储蓄方式存入银行。强调节约，减少非必要开支，将节省的资金用于储蓄。

（2）额外收入管理。建议将奖金、稿酬等临时性收入及时存入银行，积累成可观资金。

（3）大件耐用消费品折旧储蓄。为耐用消费品（如家电）设立折旧费储蓄账户，如"定期一本通"。根据商品使用寿命，将费用平摊到每月存储。对于非急需的高价商品，可考虑延迟购买，利用银行存款等待价格回落。

（4）定期滚动储蓄。每月将剩余资金存入一年期定期储蓄账户，存满一年为周期。到期后取出本息，凑整进行下一轮储蓄，灵活选择存款期限（1年、3年、5年）。

（5）四分存储法则。将资金分成不同金额的四张定期存单，以适应不同用钱需求。例如，1万元可分为1000元、2000元、3000元、4000元四张一年期存单。对于更大额的资金（如3万元），可分别开设1年、2年、3年期限的定期存单，逐年滚动更新，以应对利率调整并享受高利息。

这些基于储蓄理财的基本策略，旨在帮助个人更有效地管理财务，确保资金在安全的基础上实现增值。为了确保未来的财务稳定，每个人都应制订并执行有计划的储蓄理财策略，且需持之以恒。

对于普通工薪族而言，在进行储蓄理财时，应当遵循以下几项基本原则，以确保财务规划的合理性和有效性：

（1）科学规划与储蓄：储蓄不应是随意的，而应基于明确的理财目标和计划。我们需要通过科学地计算，确定每月应存储的金额，以确保能够按时达成理财目标。制订储蓄规划，并坚持执行，是避免无计划的储蓄导致资金浪费的关键。

（2）领薪即储，抑制消费。收到薪水后，应立即将一部分资金存入银行，以抑制不必要的消费冲动。理财不应等到有多余资金时才进行，而是应从领薪之日起就开始规划。通过定期存款等方式，强制自己储蓄，逐渐积累财富。

（3）合理搭配存款类型。在选择存款方式时，应兼顾收益性和灵活性。定期存款通常利率较高，适合长期储蓄；活期存款则方便随时取用，适合应对日常开支。根据个人或家庭的实际情况，合理配置不同类型的存款，以实现收益与灵活性的平衡。

（4）灵活选择定期存款。对于不确定存期的大额存款，可以选择通知存款，以便在需要时灵活取款。如果存款金额较大，可以考虑分散存入多张存单，并采用到期自动续存的方式，以避免利息损失和转存的麻烦。对于长期闲置的资金，可以考虑购买大额定期存单或大额可转让定期存单，以获取更高的收益。

科学储蓄理财的同时，也应注意保持合理消费，避免过度储蓄影响生活质量。

【理财感言】

当个人理财成为潮流时，很多人会忽视储蓄在理财中的重要性，不少人有一种错误的认识，认为储蓄收益低、没前途，远不如股票、期货赚钱来得快。其实不然，一定数额的储蓄对每个家庭都是必要的，是生活平稳的保障。只要我们能够持之以恒地进行科学储蓄，就能够使我们的财富得到持续不断的稳定增长。因此，进行合理、有计划的储蓄，可以确保理财规划能够有条不紊地顺利进行，堪称理财取得成效的首要条件！

思考题

1. 分析不同储蓄方式（如活期存款、定期存款、零存整取等）的优、缺点，并探讨如何根据个人财务状况和理财目标选择最合适的储蓄方式？

2. 如何制订一个科学合理的储蓄计划，确保既能满足日常开支，又能实现财务增长？

3. 在储蓄理财的全攻略中，除了传统的储蓄方式，还有哪些策略或工具可以帮助提升储蓄收益并降低风险？

第二节　为明天的生活系上安全带——保险

保险是当今社会上一种重要的投资保障手段，也是家庭资产的重要组成部分！一份保险可以说是一份对家人的关爱和保护！

小马是一个收入颇丰的私营业主，他的名下有两家收入可观的工厂，因为生意他每年都要东奔西跑，经常到国内外出差，所以在朋友的劝告下，小马就自费投保了高额的人身意外伤害保险，以防自己出现不测。但是投保已经过去一年了，小马在此期间并没有出现任何的意外和麻烦，自然他就得不到保险公司的赔偿了。小马心里就犯嘀咕，他觉得自己是白花钱，一点也不划算，所以在保单到期之后，小马就不再续保了。但是让小马万万没有想到的是，退保不到一周，他和家人一起驾车旅游时，就发生一起交通事故，小马不幸住院。让人遗憾的是，这件事情已经和保险公司没有任何关系，所有经济损失都由小马自己承担。

这件事情过后，小马懊悔不已，他的"小聪明"不仅让自己付出不菲的经济代价，还让他的家人把这件事情当成埋怨他的理由，有事没

事就拿出来数落他！每当小马和朋友说起这件事情的时候，他都追悔莫及："从今以后我一定要做个成熟的投保人！"

　　小马的故事说明，在现实生活中，很多人认为买保险都如同将钱投入大海一般。其实这样的想法是错误的，买保险的重要目的是规避人身财产风险，从而建立个人保障体系，且保险是一种理财方式。

　　想要为明天的生活系上安全带，就需要正确地利用这种理财方式来获得今后的保障。如果人云亦云，只是听别人说保险好，或者想当然地去买保险产品，结果往往会适得其反，不但让自己花钱买了自己不一定需要的产品，还会让自己心烦意乱。因此，如果自己对基本的保障型保险产品都不了解，最好不要去买更复杂的投资型保险产品。

　　在你计划为明天的生活系上安全带（购买保险产品）之前，必须对保险这种理财产品和方式有基本的认知和了解。

一、保险理财的多样性

　　作为最古老的风险管理方法之一，保险不仅是一种经济保障制度，也是一种法律关系。从保障机制来看，保险是一种通过集合具有同类风险的众多单位和个人，以合理计算风险分担金的形式，向少数因该风险事故发生而受到经济损失的成员提供保险经济保障的制度。

　　根据我国《保险法》的规定，保险是指投保人根据合同约定，向保险人支付保险费，保险人对于合同约定的可能发生的事故因其发生所造成的财产损失承担赔偿保险金责任，或者当被保险人死亡、伤残、疾病或者达到合同约定的年龄、期限等条件时承担给付保险金责任的商业保险行为。

保险具有互助性、法律性、经济性、商品性和科学性等主要特点。它是一种经济保障活动，通过集合多数单位或个人的行为，对约定的灾害事故和事件负责，使用科学的计算方法建立专用基金，以实现经济补偿或给付。通过保险，投保人可以以共同交纳保险费的形式，建立保险补偿基金，使所有参保人从中获得共同保障。

保险是市场经济条件下风险管理的基本手段，同时是金融体系和社会保障体系的重要支柱。保险的种类较多，大的类别是按照保险保障范围来分类的，而小类别则是按照保险标的种类来分类的。

根据经营目的，可以把保险分为社会保险和商业保险两大类。

社会保险是指国家通过立法形式，按照权利与义务相对应原则，多渠道筹集资金，对参保者在遭遇年老、疾病、工伤、失业、生育等风险情况下提供物质帮助（包括现金补贴和服务），使其享有基本生活保障、免除或减少经济损失的一项制度安排。

根据我国《社会保险法》（2018 年修正）第 2 条规定，国家建立基本养老保险、基本医疗保险、工伤保险、失业保险和生育保险等社会保险制度，保障公民在年老、疾病、工伤、失业和生育等情况下依法从国家和社会获得物质帮助的权利。其中，基本养老保险制度包括职工基本养老保险制度、新型农村社会保险制度和城镇居民社会养老保险制度；基本医疗保险制度包括职工基本医疗保险制度、新型农村合作医疗制度和城镇居民医疗保险制度。

所有职工都应当参加基本养老保险，由用人单位和职工共同缴纳基本养老保险费。无雇工的个体工商户、未在用人单位参加基本养老保险的非全日制从业人员，以及其他灵活就业人员可以参加基本养老保险，由个人缴纳基本养老保险费。基本养老保险基金由用人单位和个人缴费以及政府补贴等组成。

社会保险是由政府主导的公共保险制度，且通过立法形式强制实施，带有强制性。在保险理财中，这是必选项。比如，雇主在雇用员工时需要签订劳动合同，同时雇主需要为所雇员工办理社会保险，这不仅是雇主应尽的社会责任也是义务。如果你是个体人员，可以以自由职业者的身份来参加社保，然后履行按时、足额、连续缴费的义务。这样在你遇到经济上的问题时，就可以获得相关方面的经济保障。

社会保险强调社会公平，其原则就是低水平和广覆盖。保障是保而不包的，这样就使得社会保险的保障不能完全满足个人的需求，而这时我们就需要用商业保险来作补充。

商业保险是由商业保险公司提供的保险产品，通过订立保险合同运营，以营利为目的的保险形式。其主要性质是商业合同，遵循自愿原则，由投保人和保险公司经过协商后签订保险合同，明确双方的权利和义务。商业保险的主要目的在于满足不同人群的特定保障需求，提供更为灵活的保险服务。这是自己花钱给自己买的保障，是保险理财的一种方式，其实也是集社会力量为少部分被保险人在遇到某些人身风险时提供经济保障的一种机制。

商业保险主要分为人身保险和财产保险两大类，其中人身保险包括人寿保险、健康保险、意外伤害保险等，而财产保险则包括财产损失保险、责任保险、信用保证保险等。

在保险理财中，商业保险要根据个人需要及其经济支付能力来购买，属于一种商业行为，且带有强烈的商业色彩，但也是社会保险的补充。商业保险的购买原则是自愿，通常是买得多，在符合保险条款规定的条件下，能够获得的保障就越全面、越充足。

对于一些成年人来说，在买保险时应该首先选择社会保险，之后再选择商业保险进行补充。因为社会保险是基础，而商业保险只是作为补充选择的。了解并遵循这些原则，应该是非常有必要的。

在为孩子买保险时，我们应秉持全面保障与灵活调整的原则。首先要考虑的是构建一个多元化的保险框架，涵盖教育规划、意外防护及健康保障等多个维度，可以通过商业保险中的相关险种来实现这一目标。深入理解每种险种的核心功能至关重要。例如，教育储蓄保险能为孩子的未来教育提供稳定的资金支持，意外伤害综合险可以应对不可预见的伤害风险，而健康险则可为孩子的健康成长提供坚实后盾。鉴于孩子的年龄与政策性规定的关联性，建议采取分阶段规划的策略。初期，可优先关注基础且必要的保障，如健康险，同时留意是否有适合孩子的附加险种以增强保障力度，如住院津贴或住院医疗险，这些都能在不显著增加经济负担的前提下，为家庭带来更多的安心。随着孩子年龄的增长和需求的变化，保险规划也需要进行相应调整。未来，我们可根据孩子的具体情况和市场上的新产品，灵活选择更适合其成长阶段的保险方案，确保保险配置始终贴合家庭的实际需求与期望。

在现实生活中，有很多人在听了保险推销员的宣传后，总是会有购买保险产品的欲望和冲动，而没有认真地去了解保险的相关知识，就草率地购买保险，其实这是很不成熟的表现。当决定买保险的时候，我们需要拿到保单认真地看每项条款的内容。如果只是凭自己的感觉，是无法对自己已经购买的保险产品做出正确判断的。如果你连自己买的保险到底保的是什么都不清楚，或者发现自己买的保险并不是自己想要的产品时，你就会追悔莫及。因此，在决定购买商业性保险产品时，我们需要事先学习一下，深入地了解保险的基本知识之后，再决定是否需要购买。

二、保险理财对生活的利弊

在现实生活中，有很多保险公司为大家提供各种保险产品和服务，但这不能从根本上解决人们对保险风险的担忧。而真正专业的保险理财产品，其保险内容必须合理，而且保险金额足够保护家庭和个人。同时，对于保险费的支出，保险理财是限定在一个轻松合适的范围之内的。任何一个家庭花在保险上面的资金都只是收入中很小的一部分，几乎对家庭花费和投资不造成任何影响。如果有影响，那就证明你所投的这个保险理财产品是不够合理和科学的。

在购买保险理财产品时，我们先要了解其给我们生活带来的利弊和影响。从本质上来讲，保险的基本功能就是一种保障，一种对个人和家庭的保障。谁也不能保证明天有什么意外发生，一旦我们遭受损失，个人和家庭就失去了一个依托和保护，因此它起着一个地基的作用。当我们决定买保险的时候，应该先了解保险的内容，以及所购买的保险产品是否能够保证家庭的应急需要和保障。

所谓的"保险理财"，主要是让人们利用保险产品的保障功能，从而在理财过程中对人身风险进行保障的理财规划，而这一点是必需的。有些人不是那么认同保险，但他们却持有大笔存款来"以防万一"，这实际上是一种自我实施的、以现金存款为基础的保障策略。如果他们到保险公司投保，那么可能无需以大量"存款"的形式来储备资金，就可以获得同样的保障。而这些多出来的流动资金，就可以利用起来，如将其投入其他理财产品中，不仅可以帮助他们创造更多收益，还能使理财更加有效率，这就是保险产品附带的理财功能。

近年来，保险公司推出很多新产品，并在保障功能的基础上，可以实现保险资金的增值，且风险较低，收益稳定。这对那些对金融市场不熟悉，或工作比较繁忙的人来说，保险理财也不失为一种选择。

通过保险来看待生活，更多的是要善于运用生活中的资源，安排规划好我们的生活，为明天的生活系上安全带，使人生之路更稳定、更安定、更和谐。在现实生活中，各种问题层出不穷，那么保险理财和生活保险化的结合，或许是解决问题的一种智慧方案。

【理财感言】

在现实生活中，人们普遍对投资理财感兴趣，但对保险很排斥，在家庭理财中人们常常会把保险拒之门外。当然，这里有各种各样的原因，既涉及了个人意识层面的偏见和不足，也反映了保险业自身存在的问题。有些人觉得自己的收入本来就很有限，不仅需要生活，若是还要还房贷或者投资，那么根本就没有多余的钱再去买保险。其实人们在认知方面存在较大误区，保险和理财不仅不存在矛盾，而且是投资理财体系中极为重要的方式。然而，利用保险进行理财也是一门颇为值得研究和探讨的学问，所以在购买保险产品时，一定要慎重，最好是先制订一个周密的计划，然后根据计划进行理财，并要有循序渐进的心理准备。如果想进行一次投资就能解决一生的保障需求，那显然是不切实际的。

思考题

1. 想想看，有哪些保险产品是普通上班族或者打工人能用得上的？

2. 怎么才能在买保险的时候，既享受到它带来的好处，又避开那些可能的风险呢？

3. 如何根据个人财务状况和理财目标，制订一个包含保险理财在内的综合理财规划？

第三节　利润稳定的理财方式——债券

作为一种理财工具，债券是在指定日期还本付息的有价证券，本质上是金融契约，是债权和债务的证明书。由于债券的利息通常是事先确定的，所以债券是固定利息证券（定息证券）的一种，其收益相对较为稳定。

李阿姨是一位退休教师，拥有一定的积蓄。她希望这些钱能稳健增值，同时保持较好的流动性以应对不时之需。在咨询了专业的理财顾问后，李阿姨决定投资债券理财产品。

她选择了一款由一家大型商业银行发行的3年期定期债券。这款债券的年利率为3.5%，高于当时市场上的定期存款利率，且风险相对较低。李阿姨用她的一部分积蓄购买了这款债券，共计投资了10万元。

在持有债券的3年期间，李阿姨每年都能获得稳定的利息收入，共计10 500元（100 000×3.5%×3）。这些利息收入不仅为她的日常生活提供额外的资金支持，还让她感受到理财带来的成就感和满足感。

此外，债券到期后，李阿姨还收回10万元的本金。由于市场环境相对稳定，这款债券的到期收益率与预期相符，没有出现大的波动。

在理财规划中，平衡消费与储蓄至关重要。人们会选择在满足日常消费需求，如购买时尚手机、奢侈品以及社交活动之后，将剩余资金用于储蓄，为未来养老或应急做准备，这是明智之举。然而，一个常见误区是，仅因工资高就自视富有，实则若开销过大，仍可能面临经济压力。因此，在理财过程中，人们需要更加审慎地管理开支，确保收入与支出的平衡。以李阿姨为例，她通过合理规划，选择了稳健的债券理财产品，不仅保障了资金的流动性，还实现了资产的稳定增值，为她的退休生活提供了额外保障，避免了高消费带来的潜在风险。

一、什么是债券理财

作为一种理财方式，债券理财为投资者提供了参与货币市场、分享投资收益的机会。具体而言，债券型理财产品是投资者与银行之间签订的一种合同，约定到期还本付息。投资者以存款形式将资金交给银行管理，银行则利用这些资金进行投资，主要投资于短期国债、金融债、央行票据及协议存款等低风险、短期限的金融产品。在付息日，银行会向投资者支付收益。到期时，投资者需足额偿还本金。这种理财方式不仅为投资者带来稳定的收益，也促进了金融业的健康发展。

对于债券理财者而言，了解债券的不同种类及其特点至关重要。经过多年发展，我国债券类型基本齐全、品种结构较为合理，形成了信用层次不断拓展的债券市场。

按发行主体来划分，债券可以分为政府债券（国债和地方政府债券）、中央银行票据、政府支持机构债券（如铁道债券、中央汇金债券）、金融债券（政策性金融债券、商业银行债券、非银行金融债券）、公司信用类债券（企业债券、公司债券、非金融企业债务融资工具、可转换公司债券、中小企业私募债券）、资产支持证券和熊猫债券等。

按照付息方式划分，债券可以分为零息债券、贴现债券、固定利率附息债券、浮动利率附息债券、利随本清债券。

按照币种划分，债券可以分为人民币债券、外币债券、SDR 债券（以特别提款权 SDR 计价的债券）。

按照偿付顺序划分，债券可以分为普通债券、次级债券、二级资本债券、无固定期限资本债券（永续债）、总损失吸收能力非资本债务工具（TLAC 工具）。

另外，还有一些特定主题的债券，如绿色债券、ESG 主题债券、转型债券、社会效应债券、疫情防控债券。在人民币国际债券领域，有明珠债（自贸区离岸债券）和点心债。

债券具有四个主要特点：一是偿还性，即发行人需按约定时间和条件偿还本金和利息；二是流动性，债券在市场上通常具有较好的转换能力，便于买卖；三是收益性，投资者可通过获得利息及利用债券价格波动进行买卖来获取收益；四是安全性，债券收益相对稳定，风险相对较低，尤其是其法律效力为持有人提供了保障。

二、债券理财的收益与风险

对于追求稳定增长收益的债券理财投资者而言，债券投资是一个值得考虑的选择。如国债以国家税收为担保，信誉度高、风险低（通常被视为无风险债券），且利率通常高于银行同期存款利率，同时在证券市场上交易灵活，流动性好。相比之下，公司债券虽然可能提供更高的利率，但也伴随一定的风险，如公司破产等潜在风险。

债券理财投资既可能带来较快收益，也伴随相应的风险。在选择公司债券时，优先考虑有担保抵押的债券确实能提升安全性。由于监管机构对债券发行有严格规定，市场上流通的公司债券多来自信誉良好的企业，其利率往往高于同期市场利率，且流动性优于银行定期存款。然而，债券投资并非无风险，公司破产的可能性虽低，但一旦发生，将对投资者造成影响。尽管如此，相较而言，国债因其背后的国家信用支撑，安全性还是更高的。

债券理财者要根据自己的风险承受力选择适合的债券产品，这对投资理财是至关重要的。虽然投资均伴随风险，但合理评估自身风险承受能力，能帮助我们做出更稳健的投资决策。在选择稳定债券理财时，可考虑以下几点：

一是结合个人情况与明确投资目标。根据理财者的投资时间范围（如购房、子女教育和退休规划等）及年龄阶段，合理分配资产，确保长期投资有足够的时间来应对可能的波动。对于接近退休年龄或资金有限的投资者，应更加谨慎。

二是债券理财者要明确自己的投资目的。投资者在追求收益的同时，也要考虑债券的整体回报潜力，包括价格变动带来的资本增值机会。此外，投资者还要了解不同类型的债券特点，如国债、企业债、可转让债券等，以匹配个人投资目标和风险偏好。

三是平衡风险与收益。高收益往往伴随高风险，新手投资者应从保守型债券入手，逐步了解并适应市场波动，再逐步扩大投资范围，避免盲目追求高收益而忽视潜在风险。

四是做好心理准备与风险管理。接受投资损失是成熟投资者的必备素质。在面对风险时，要保持冷静，制定合理的风险管理策略，如分散投资和设置止损点等，以减轻单一投资带来的冲击。

五是持续学习与调整。市场环境和个人情况不断变化，投资者应持续学习金融基本理论知识，及时了解市场动态发展状态，定期评估投资组合的风险与收益，并根据实际情况适时调整投资策略，以优化投资效果。

【理财感言】

对于想要利用债券理财方式进行投资理财的人来说，首先必须对自身有清醒的认识，因为债券投资并不是每一位投资者都适用的理财产品。与其他的投资理财相比，债券是一种更适合保守型投资者进行投资理财的方式。因为债券的收益稳定性虽然相对较高，但是其流动性相对要差，所以债券投资更适合那些家庭经济基础相对薄弱，风险承受能力有限，而且对资金的流动性要求不高的保守型投资者。但由于债券品种较多，而且不同种类的债券存在的风险程度也有所不同，所以在进行债券理财时，投资人还需要根据自己所了解到的风险承受程度来选择不同种类的债券，比如，选择国债会比企业债券的风险小一些。总之，只要肯多花一些心思，选择债券投资来进行理财，往往是可以获得较为稳定的利润回报的！

思考题

1. 债券投资的收益率如何受市场利率变动影响？

2. 在选择债券时，如何评估发行公司的信用风险？

3. 债券投资与股票投资相比，有哪些主要的不同点和优势？

第四节　请专家帮你理财挣钱——基金

在基金投资中几乎不会出现一夜暴富的情况。因为基金管理人掌握较专业的理财知识，会使基金这种理财产品变得更加稳妥和安全。对理财产品了解有限的人而言，基金可以视为一个值得考虑的选择，因为它提供了一种方式，让专业投资者（基金经理）代为管理资金，旨在实现资产增值。

张大爷在一次社区活动中，听到了关于基金理财的介绍，觉得这是一个相对稳健且可能获得比银行存款更高收益的投资方式。考虑到自己的风险承受能力较低，张大爷决定选择一只混合型基金，该基金历史业绩稳定，回撤控制较好，适合稳健型投资者。在银行理财经理的推荐下，张大爷购买了该基金，并决定长期持有。

买入后不久，市场出现波动，该基金净值也出现了一定程度的下跌。张大爷开始感到焦虑，担心自己的投资会亏损。但他想起理财经理的话，基金投资需要耐心和长期持有，于是决定保持冷静，继续观察市场变化。经过一段时间的持有，市场逐渐回暖，该基金净值也开始回升。最终张大爷在达到预期收益目标后，选择赎回部分基金份额，实现资产的增值。

通过这次投资经历，张大爷深刻体会到了基金理财的风险与机遇并存，也学会了如何根据自己的风险承受能力选择合适的基金产品，并坚持长期投资的理念。

从张大爷的基金投资经历中，我们能够得出一些基金理财的经验，比如，要根据自己承受的风险能力选择一个适合自己的基金组合。任何人投资基金都是一样的，如果承受风险能力较强，可以购买那些股票型的基金，承受风险能力稍差一些的人，可以购买一些债券型的基金。

所谓基金，从广义上说是指为了某种目的而设立的具有一定数量的资金，如信托投资基金、公积金、保险基金、退休基金，以及各种基金会的基金。我们平常所说的作为理财工具的基金主要是指证券投资基金，可以理解为狭义上的基金，其实是一种比较间接的证券投资方式。

根据我国《证券投资基金法》（2012 年修订）的规定，基金管理人、基金托管人依照法律和基金合同的约定，履行受托职责；通过公开募集方式设立的基金的基金份额持有人按其所持基金份额享受收益和承担风险；从事证券投资基金活动，应当遵循自愿、公平、诚实信用的原则，不得损害国家利益和社会公共利益；基金的运作方式可以采用封闭式、开放式或者其他方式。从这里可以看出，作为一种投资工具，基金把很多投资人的资金汇集起来，由一个专门的基金托管人（如银行）托管，由专门的基金管理公司进行管理和运用，通过投资股票和债券等方式达到收益的目的。

一、选择基金理财的优势

在我国，相当一部分人对基金抱有偏见，甚至有些人对基金还有很强的抵触情绪。对于工薪阶层的人来说，手中闲余的资金是有限的，而通常情况下，进行小金额的投资也会受到很多限制，如很难做到组合投资，也不能有效地分散风险，同时小资金投资也缺乏相应的研究资源，信息不对称等不确定因素还会导致投资人的决策变得盲目……这些都属于小资金的劣势。但是，投资基金能够把很多小资金集结在一起，通过专业的基金经理进行运作，克服了小资金投资的不足。因此，与其他理财产品相比，基金理财有其独特优势。

一是基金的投资风险相对要小，而收益相对稳定。大家都知道，任何投资都是有风险的，基金也不例外，但与股票投资相比，投资基金的风险要小得多。因为基金是由基金管理公司配备投资专家进行专门管理的，且这些基金管理专家都具有非常专业的投资理论功底，同时拥有丰富的投资经验。他们会用科学的方法对投资市场和信息网络进行全面、深入地分析与比较，让中小型投资者可以享受到专业化的投资管理，尽可能地规避风险。

二是受到严格监管，信息透明。为了保护投资者的利益，提高投资者对基金投资的信心，基金都有非常严格的监管制度，且能够做到信息透明，让投资者能够放心地进行投资。

三是设立有独立的基金托管人。基金经理人虽然负责基金的投资和操作，但基金的财产并不经过基金经理人的保管，而是有独立的基金托管人，这为保护投资者的利益提供了十分重要的制度保障。

四是基金的流动性和变现能力较强。如开放式基金在每个工作日都能够按照基金净值赎回，任何一个工作日都能够交易。这与房地产和收藏品等其他的投资产品相比，基金的变现能力是非常强大的，也是最为快捷和确定的。也正是因为基金拥有这样的特点，才进一步降低了其投资风险。如货币型基金的年化收益率可能与一年期定期存款相近，而其优势在于赎回时通常比定期存款更为灵活便捷。此外，货币型基金的风险相对较低，尤其是在资金流动性需求较高的情况下，它是一个较为稳妥的选择。

五是投资起点低。对基金而言，一般情况下只需要 1000 元就能够开始投资，且基金的定期定额投资的起点更低。一般情况下每个月只需要几百元。投资门槛低更加便于一般投资者实现自己的理财梦想。

随着基金的品种日益丰富，很多投资者能够通过组合搭配的方式进行投资，这样就能够形成不同程度、多样化的风险收益，另外也能够满足投资者的个性化需求。

投资理财有多种方式，很多人喜欢收藏一些古玩、字画，甚至连一些红木家具都成为投资爱好者的收藏，但是投资这些产品，需要有非常强的专业技术。相较于它们，基金投资不需要非常高深的专业知识，只需要懂得基本的理财要领就可以。因此，对于多数普通投资者来说，基金是一种较为适宜的理财选择。

二、科学进行基金理财

看到他人在购买各种理财产品时，很多人难免会有心动的感觉。一些人手中没有闲散的资金，便去借钱来买基金，另一些人则选择通过贷款购买基金，但以这样的方式购买基金应该考虑一个问题，就是投资成本的上升。而且，你很难保证当年的基金收益会像往年一样动不动就翻倍！那么，该如何进行基金理财呢？

一是平常心对待。对于进行基金理财的所有人而言，都应该有这样的心态，即要着眼于基金的长期增值，抵御生活风险，保护和改善未来的生活水平，达到多年之后养老的目的。因此，进行基金理财的话要保持一颗平常心。

二是投资前做足功课。在购买某只基金之前，基金理财投资者最好对这只基金进行全面了解和分析，对基金管理公司的整体业绩表现和公司的历史收益、风险控制等指标进行评估和判断，看一下这些指标是否符合你的投资取向。另外，要对这只基金的《招募说明书》《基金合同》等法律文件进行仔细阅读，以便进行合规方面的了解。

三是"留有余地"做基金理财投资决策。在投资基金之前，应该留出足够的现金资产作为应急准备。一般情况下，留有的现金资产应该能够应对半年左右的家庭必要开支！

首先，要根据自己的年龄、收支状况、家庭负担、性格特征等一系列因素，来估计自己的风险承受能力和现实需求。

其次，投资者应考虑投资者的风险承受能力和投资期间的市场表现情况。在进行基金投资时，投资者要明确自己应该购买什么类型的基金产品。一般情况下，随着人们年龄的增长，所承受的风险能力也会逐渐降低。这时就需要调整自己激进型理财工具（股票等）和稳健型理财工具（债券基金等）的投资比例。

对于年龄较轻的工薪阶层（如55岁以下），可以考虑将一部分资金（比例可根据个人情况调整）投资于股票等相对高风险、高收益的产品，以追求长期增长。同时，将剩余资金配置于稳健的理财产品中，确保资金安全。而对于年龄较长（如55岁以上）的投资者，尤其是退休人士，建议将更多资金配置于低风险、高流动性的投资产品，以保障资金的稳定性和流动性。

无论年龄大小，投资者都应在上述基本思路的基础上，根据个人的财务状况、风险承受能力、投资期限及市场认知等因素，灵活调整资产配置比例。重要的是，投资决策应综合考虑多方面因素，避免盲目跟风或受单一因素影响。

基金是适合任何人群进行投资的理财产品，而且对于大部分追求长期增值的投资者而言，应保持长期的投资、进行基金组合投资，充分考虑自身的风险，这样既能够增加自己的收入，又可以很好地控制投资风险，避免小型投资者陷入"把鸡蛋放在一个篮子里"的风险。

如今，很多销售机构都推出定期定额的投资方式。所谓的定期定额，是指和银行等销售机构在事先签订好协议，约定每月固定日期自动扣款投资于指定基金，金额固定，类似于银行零存整取的业务那样，争取能够获得比较高的回报。以一个普通投资者为例，若每个月固定投资基金是1000元，假设平均年回报率为10%，那么在20年后就能够增值200%以上。基金投资就是一种比较新型的理财投资项目，如果长期坚持，就能够得到持续性的收益，从而规避投资风险。

定期定额的基金投资方式有很多好处，如能够将成本进行平均，对风险进行分摊，从而形成聚沙成塔的效果，而且对于投资者而言也是省时省力的方式，不需要到网点去排队缴款。除此之外，进行持续性投资从理论上讲也是非常科学的。因为当下很多投资者在进行投资时会有低买高卖的心态，但这是需要时机的，有很多不确定因素。"贪婪"是大多数人的弱点，普通投资者很难找到所谓的"低点"和"高点"，因此也就很难保证投资者能够获得最大的收益，如果分析不准，很有可能遭受投资风险。

然而，值得各位投资者注意的是，一旦选择以基金方式进行理财，无疑就需要打一场艰苦的持久战，所以处处应当谨慎小心。在购买基金时一定要认准三点，即选择优秀的基金公司、选择优秀的基金经理、有耐心和持久的定力。尽管投资市场并不会一帆风顺，但是只要基金理财投资者考虑清楚，进行稳定的长期投资，相信会有令人满意的收益。

【理财感言】

如今的理财产品可以说是琳琅满目，投资理财的方式更是种类繁多。很多人在选择理财产品时，认为购买基金的获利较低，从而选择购买股票，但如果从长期增值和盈利空间来讲，其实基金才应该是适合大多数理财投资者的选择。在不同种类的投资产品中，基金固然也有一定风险，但相较于其他理财产品而言，基金的风险系数毕竟要小很多，而且基金的收益相对其他投资产品会更加稳定和安全一些。

如果投资者对专业投资产品不甚了解，最好可以选择基金进行理财。专业人士帮你理财投资，风险要小很多。因为对普通工薪阶层而言，理财的风险当然是越小越好。投资者还可以进行组合型投资，根据不同基金的特点，进行取长补短，让自己的盈利最大化！

思考题

1. 基金理财相比其他投资方式的主要优势是什么？

2. 如何科学地进行基金理财规划，以确保资产稳健增长？

3. 在选择基金产品时，应重点考虑哪些因素来做出明智的投资决策？

第五节 稳健保值的理财之选——黄金

黄金是我们最为熟悉的一种稀有金属，具有独特的物理和化学属性。在人类社会发展过程中，黄金曾在很长一段时期内扮演着本位货币的角色，尤其是在古代和近代。在现代经济体系中，黄金仍然具有重要的经济价值和独特地位，被广泛用于投资、储备和避险等领域。黄金具有对抗通货膨胀和优秀的避险功能，黄金饰品和器皿也深受人们的喜爱，黄金还是用于储备的特殊通货，在全世界通行无阻，国际上以盎司为单位，国内以克为单位。

黄金价格在 2011 年 9 月创下历史新高后，经历波动上涨。近年来，国际金价显著波动，特别是在 2015 年后大幅飙升，纽约市场金价从 1200 美元/盎司升至 1300 美元/盎司。2019—2020 年，黄金价格连续突破 1500 美元/盎司、1600 美元/盎司和 1785 美元/盎司等多个重要关口。2023 年 11 月，国际金价再创新高，纽约商品交易所黄金期货价格连涨至 2040 美元/盎司，逼近历史最高。同年 12 月，我国国内足金首饰金价也突破 630 元/克。截至 2024 年 7 月，周大福、周生生等品牌的足金饰品报价已超过 750 元/克。

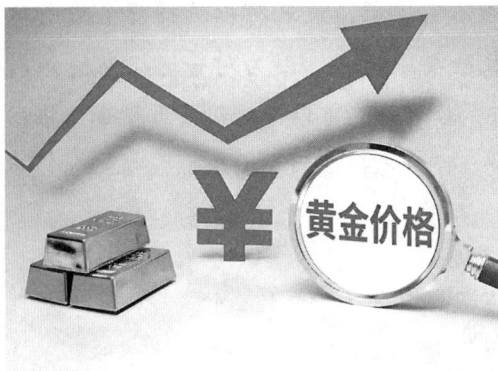

世界黄金协会发布的《何为"黄金+"，为何"+黄金"》的研究报告中指出，黄金凭借其极具韧性的表现，持续受到包括各国央行、主权基金、养老金、基金等机构投资者的关注和增持。国内公募 FOF（基金中

的基金）基金、部分保险资产管理产品及基金产品均将目光投向黄金。[1]

一、黄金理财投资应具备的常识

黄金理财投资具有多样化的特点，涵盖了实物黄金、纸黄金、黄金T+D、现货黄金（含国际现货黄金如伦敦金）等形式。此外，人们还可以投资与黄金有关的期货、基金（黄金 ETF/黄金 LOF）和股票。

实物黄金要交易实物，包括商业渠道流通的黄金饰品、摆件、金币和投资金条等制成品。实物黄金具有真实性和触感，几乎适合所有投资者，但往往需要另加手工费，存储和保管存在一定难度和风险，变现方式较为烦琐。

纸黄金又称"记账黄金交易"，是投资者在银行开设一个黄金账户，并对账户中的份额进行买卖的一种金融投资产品。由于不涉及实物黄金的交割，交易成本较低，因此纸黄金投资门槛也较低，适合喜欢稳健收益、对金价走势有一定判断能力的中小投资者。如今商业银行推出的积存金，就是一种"躺"在账面上的纸黄金，可以理解为黄金的"零存整取"账户，需要客户在银行实名制开户后进行买卖。积存金不涉及实物黄金的保管，但可以兑换成实物，也可以按实时积存金价格进行出售和变现，适合有时间研究黄金行情走势、频繁进行具体操作，以及希望通过黄金价格变化获取差价的理财投资者。

黄金 T+D 交易，全称是黄金延期交易，是上海黄金交易所于 2004 年8 月 16 日正式上线的具有准期货性质的现货延期交收交易品种。这种投资产品是一种约定在将来某一特定的时间和地点交割一定数量标的物的标准化合约，具有期货的属性，但本质上又不完全属于期货。黄金 T+D交易时间较为灵活，包括白天和晚上的特定时间段，交易可以选择实物交割或现金结算，且没有交割时间的限制，持仓时间的长短由投资者自己把握。

---

〔1〕　数据依据百度百科发布的国际金价及国内知名珠宝品牌足金首饰价格实时信息整理。

现货黄金与国际接轨，是一种以实物黄金为基础的贵金属投资产品，以黄金为交易对象，通过电子交易平台进行买卖。与传统的实物黄金投资相比，现货黄金具有更高的灵活性和便利性，可以进行即时交易、杠杆交易等操作，具有 24 小时交易、杠杆交易、双向交易和实物交割等特点。

投资者在选择黄金理财的投资品种时，应充分了解各种交易方式的特点和风险，并根据自身的风险承受能力和投资目标进行理性投资。

对于黄金理财投资者来说，心态非常重要。首先要有耐心，因为投资黄金有时候价格波动非常大。当遇到这种情况时，你应当放松心态，相信自己的判断。在每次交易时都要记下交易的结果，因为这样能够帮助你积累更多的经验。在投资遭受亏损时，要有能力承受，因为任何事情都不会是一帆风顺的，所以作为投资者一定要懂得调节自己的心态。在投资时，要有一个行之有效的交易原则，而在交易时一定要严格遵守自己的原则，只有这样才能使自己的投资增值。

目前黄金市场也越发成熟。许多投资者选择黄金作为理财工具，原因是相比股票等投资品种来说，投资黄金的收益率比较稳定，但这样也会使投资者陷入一些误区。对于现货黄金的交易来说，它是一种杠杆交易，在短期内会有高收益的可能性，但也要规避一些投资误区，避免损失。

有一些投资者在做黄金投资时，总会手忙脚乱频繁交易。当有过多交易时，我们应当制订好交易计划，做出各类投资交易的分析数据，掌握好交易的进出点。也有一些投资者在遇到亏损时总会说自己的运气不佳，而忽视了是否因为自己对市场行情缺乏准确分析，从而盲目做出了投资决策。

当你在做黄金投资时，一旦出现了亏损情况，首先不要急于翻身，因为这样只会让你的情况变得更加糟糕。对于已经亏损的投资者，心态都会变得非常烦躁，同时会让你在投资上出现错误的判断。要懂得理性地对待亏损，这样你就能够静心地分析一下，接下来应当如何进行投资。

二、纸黄金投资的原则和策略

对于纸黄金的理财投资，最重要的原则和策略应该是什么呢？总体来说，就是要掌握行情、懂得技术分析和投资管理。如果做到这些，那么你就会百战百胜，获得更高的收益。

纸黄金交易方式能够节省实际黄金在交易时必不可少的保管费、储存费、保险费、鉴定费及运输费等费用的支出，这样就能降低黄金价格中的额外费用，从而提高投资者的市场竞争力。为了能够在纸黄金交易中加快黄金的流通，提高黄金的市场交易速度，许多投资者选择短期投资。其实在黄金理财投资中，做短期投资不仅难度大，而且很有风险，因为一般短期的金价波动是人们所无法预料的，过多的交易也会损失许多手续费。

在黄金交易市场中，不同的市场、不同的交易平台的定价也会有非常大的差异，所以在黄金投资的操作上有很大的学问。如果你能够把握好这些差异，那么你就能够在短期投资中得到一些套利机会。但短期投资操作对投资技巧要求比较高，不仅要求投资者有良好的判断能力，还要求投资者处事谨慎、有胆量，能够根据投资的情况变化，快、准、狠地进出交易。在投资时，对于短期投资操作而言，投资者一定要准确判断市场的发展趋势，抓住好的时机，果断交易。

有专家认为，无论是投资纸黄金还是实物黄金，都应当远离短期投资操作，因为短期投资的收益机会源于国际金价和国内金价的差异。我国对黄金的进出口依然有管制措施，导致国内黄金市场的定价与国际黄金市场的定价在理论上存在很大差异。所以对黄金理财投资者来说，最好还是采取以长期投资为主。如果是进行以金条为主的实物黄金投资，那么就更适合长期持有。

有的黄金投资者在选择短期投资还是中期投资上常常感到困惑。对这个问题的思考至关重要。

到底如何选择具体的投资策略，主要还是看个人的投资习惯。如果你是一个有充足时间了解黄金市场行情的投资者，那么就可以考虑用大部分的资金做短线，这样也会让你体会到更多的投资乐趣；如果你的时间并不是非常充裕，那么最好还是做中期投资。在相对较低的价位买进，或是在跌势展开一段时间后逐步买进，在涨势启动的一段时间后逐步卖出；如果你很少有时间关注黄金市场的话，那么你可以考虑做长期投资，在每年黄金投资的淡季，也就是5-9月关注黄金市场的行情，在价格相对较低时逐步买进，然后在旺季快要结束时，一般是10-12月卖出。如果这些都不清楚的话，那么你可以进行长期投资，并持仓5-10年。

黄金投资最好的方式还是选择中期投资或者长期投资。与其他的投资方式相比，黄金投资还是具有发展潜力的，因此许多人将投资黄金视为一种保障性的投资项目，主要用来抵御通货膨胀的风险。

【理财感言】

在黄金理财投资者中，有许多会抱有一夜暴富的想法，其实这种心态是不可取的，是黄金投资的大忌。当一个人在迫切想要得到高收益时，就极有可能会出现一些不理智的行为，这说明你对黄金投资的特点还不十分了解。对于黄金理财投资者来说，千万不能觉得投资黄金的理财方式没有任何风险。在国际经济形势风云突变的今天，黄金价格的波动较大，投资者只有谨慎投资，早做风险防范，才能够通过黄金理财获得丰厚回报!

思考题

1. 为什么黄金被视为一种稳健的投资选择？

2. 黄金投资有哪些风险？在决定是否投资黄金时，投资者应考虑哪些因素？

3. 纸黄金投资的优缺点是什么？纸黄金投资适合哪些类型的投资者选择作为理财工具？

第六节　智策先行并需谨选的投资——股票

股票是一种让人又爱又恨的理财产品，其价格波动大、变幻莫测，但收益率高、风险大。很多人通过买卖股票让自己获得了巨大财富，也有一些人因为投资股票而变得倾家荡产。

在股市这片波谲云诡的海洋中，有一位经验丰富的投资者，用他数十年的投资历程，深刻揭示了股票投资的无常与不可预测。

成功之时，春风得意。曾几何时，这位投资者凭借敏锐的市场洞察力和果断的决策，在低价位买入了一只看似不起眼的股票。随着时间的推移，这只股票如同被风吹起的帆，价值飙升，为他带来了丰厚的回报。那一刻，他仿佛站在了市场的巅峰，享受着成功带来的荣耀与喜悦。

失败之际，风雨飘摇。然而，股市从不是风平浪静的港湾。在另一次投资中，他选择了一只市场热门、业绩稳健的股票，期待能够再次收获成功。但世事难料，这只股票却遭遇了市场的冷遇，股价一路下滑。面对亏损，他不得不忍痛"割肉"，承受了巨大的经济损失和心理压力。

追逐热点，陷入迷雾。在经历失败后，这位投资者试图通过追逐市场热点来挽回损失。他频繁交易，盲目跟风，却发现自己总是慢人一步，屡屡被市场收割。这次经历让他深刻认识到，热点易逝，风险难测，盲目追逐只会让自己陷入更深的迷雾之中。

无常之海，谨慎航行。最终，这位投资者明白了股市的无常与不可预测。他意识到无论成功还是失败，都是投资路上不可或缺的一部分。重要的是，要从每一次经历中吸取教训，不断提升自己的投资能力和风险意识。在股市这片无常之海中，只有谨慎航行，才能避免被风浪吞噬，找到属于自己的彼岸。

通过这个故事，我们不难看出股票投资的无常性，说明了若干投资股票的道理：一是市场永远在变，股市投资需紧跟市场趋势，及时调整策略；二是风险与收益并存，高收益往往伴随高风险，投资者需有充分的心理准备和风险管理能力；三是专业与谨慎并重，股票投资需基于专业知识，同时保持谨慎态度，避免盲目跟风；四是反思与成长，每次失败都是成长的契机，投资者应从失败中吸取教训，不断完善自己的投资组合和策略。

一、如何开始和进行股票投资

如果你选择投资股票，你可以考察交易资费等多种因素，选择一家正规的证券公司，在网上或线下按既定流程开设股票账户，并结合自己的需求和偏好选择同花顺、东方财富、大智慧等在市场上广受好评的炒股软件。当然，除了工具上的准备，投资者还需要具备专业的投资知识和风险意识。

在当今瞬息万变的股市环境中，你在选购股票时，如果仅凭股评人推荐或市场传闻行事，那往往容易陷入误区。历史经验表明，盲目跟风很可能遭遇陷阱，导致财务损失。因此，掌握科学的投资技巧并坚守原则，对降低风险、实现财富增长至关重要。以下是经过时间考验且融入现代投资理念的六个股票购买和投资原则。

（1）理性决策与自主分析。在决定投资股票之前，你应培养独立分析的能力，不轻易受到外界干扰。你可以利用现代金融工具，如财经App、在线研究平台等，深入研究公司基本面、行业趋势及宏观经济环境，做出基于数据和逻辑的决策。

（2）大盘趋势与个人策略相结合。虽然大盘趋势对个股有影响，但每只股票都有其独特的走势和驱动因素。你在关注大盘的同时，更应关注个股的基本面和成长性，在上升趋势中寻找具有潜力的个股，但也要警惕市场过热时的回调风险。

（3）风险管理策略。你可以尝试分批与分散投资。无论是新手还是老手，分批买入和分散投资都是降低风险的有效手段。分批买入可以平均成本，减少市场波动对单笔交易的影响；分散投资则能避免单一股票或行业带来的过大风险。但也要注意，分散投资并非越广越好，应基于深入研究后精选少数几只优质股票。

（4）止损设置。止损是股票投资中不可或缺的风险管理工具。个人应根据风险承受能力和投资周期，设定合理的止损点，当股价触及止损价位时，果断执行卖出操作，避免损失扩大。

（5）中长线与短线操作的平衡。中长线投资适合追求稳定回报的理财投资者。投资者可选择基本面良好、成长潜力大的公司，在股价底部区域或合理估值时买入，持有较长时间以获取公司成长带来的收益。短线操作适合有一定市场经验、追求快速利润的投资者。但需注意，短线操作风险较高，投资者需密切关注市场动态，灵活调整策略，严格控制仓位和止损。

（6）持续学习与心态调整。股市变幻莫测，投资者需保持学习的心态，时刻关注市场动态、政策变化及新技术发展对股市的影响。同时，良好的心态也是成功的关键。面对市场波动时保持冷静，投资者切勿盲目追涨杀跌，须坚持自己的投资策略和基本原则。

总之，股票投资是一项复杂而充满挑战的理财活动。投资者只有不断学习、理性分析、严格风险管理，并保持良好的心态，才能在股市中稳健前行，实现财富的持续增长。

二、智慧投资与稳健增值

在这个日新月异的时代，理性投资成为我们积累财富的重要途径。如果你刚刚踏上股市的新航程，以下几条贴近生活的智慧投资"小贴士"，将助你稳健前行。

（1）信息筛选，理性判断。在信息爆炸的今天，社交媒体、新闻平台上充斥着各式各样的股市预测。但要记住，专家的观点只是参考，而非决策依据。要培养自己的理性判断力，用数据说话，而非盲目跟风。

（2）基础为先，明辨产品。投资者在踏入股市前，务必搞清各类投资工具，如股票与权证的区别。不了解，不投资，这是保护自己钱包的第一课。

（3）合理预期，稳健前行。梦想一夜暴富的心态在股市中往往适得其反。历史告诉我们，稳健的收益远比不切实际的幻想来得可靠。学习那些长期稳健增值的投资者，他们从不奢望一夜翻倍，而是注重持续的成长。

（4）居安思危，谨慎为上。股市波动无常，盈利时保持清醒，警惕风险。市场无常，宠辱不惊，投资者应以谦卑之心，如履薄冰般前行，这是每位投资者的必修课。

（5）现金流为王，预留余地。在账户中保持一定比例的现金，如同船上的压舱石，能在风浪来临时稳定船身。这不仅是应对突发情况的保障，也是你灵活调整投资策略的底气。

（6）逆向思维，把握时机。面对账面上显示亏损的股票，不要急于"割肉"。在充分分析市场趋势后，若认为未来有转机，不妨考虑逢低加仓。但请记住，这需要基于你对市场的深刻理解和对自身风险承受能力的准确评估。

【理财感言】

股市是智慧与勇气的竞技场，也是耐心与策略的试炼场。它告诉我们，无论出身如何，每个人都有机会通过学习和努力改变自己的财务状况。但切记，投资不是赌博，而是基于充分了解和理性分析后的决策。用知识和智慧武装自己，你也能在股市的海洋中乘风破浪，书写属于自己的财富故事。

思考题

1. 如何结合宏观经济指标、行业发展趋势及企业基本面分析，制定一个中长期的股票投资策略？

2. 在智慧投资稳健增长的原则下，如何平衡风险与收益，构建多元化投资组合？

3. 如何在股市波动中保持冷静，避免情绪化交易，坚持长期投资理念？

第七节　极具挑战的理财方式——期货

在当下这个日新月异的时代，如果有人提到他们在"卖棉花、买大豆"，实际上是在交易棉花和大豆的期货合约。我们该如何理性看待这一说法呢？说它正确，是因为这些交易确实围绕着农产品期货进行的；说它不完全准确，是因为它们超越了传统农产品的现货交易范畴，进入了更为复杂和灵活的期货市场。

在看似赌博似的期货交易活动中，其实蕴含着诸多复杂的成功要素。其中，凭借着专业素养进行的理性判断和勇于承担风险的勇气是非常重要的两个方面。

一、期货投资须具备较高专业素养

随着信息技术的飞速发展，期货市场的透明度和参与度不断提升。投资者不再局限于专业人士，越来越多的人开始关注并尝试期货投资。然而值得注意的是，期货市场以其高风险、高收益著称，对于缺乏专业知识的投资者而言，仍需谨慎对待。因此，了解市场的发展动态，掌握期货专业知识和基本分析技能，成为每位期货理财达人的必修课。

期货市场考验着投资者的判断力、执行力和风险管理能力。成功的期货理财投资者，往往能在复杂多变的市场环境中，凭借敏锐的洞察力和稳健的操作策略，实现资产的保值增值。同时，期货市场也为投资者提供了一个不断学习和探索的实践平台，让投资者在实际交易的历练中成长，在挑战中超越自我。

要熟悉期货理财，首先，要对期货品种有深入了解。从商品期货到金融期货，再到期权期货，每一种产品都有其独特的交易规则和风险特征。投资者应根据自身的风险偏好、资金实力及市场认知度，合理选择适合自己的期货品种。

其次，在期货理财投资过程中的顺势而为。这是非常关键的认知，投资者要密切关注市场动态变化，准确判断市场发展趋势，并在合适的时机入市操作。同时，制订科学的止损计划，有效控制投资风险，确保在遭遇不利情况时能够及时止损，避免损失扩大。

最后，期货投资理财还需注重风险管理。投资者应合理配置资产，避免将所有资金集中于单一品种或单一市场。同时，投资者应该保持冷静心态，避免因情绪波动而做出非理性的投资决策。

期货市场是一个充满机遇与挑战的舞台。对每一位渴望在期货领域有所建树的理财投资者而言，唯有不断学习、勇于实践、善于总结，才能在激烈的市场竞争中脱颖而出，成为真正的期货理财高手。在这个过程中，保持谦逊的心态、坚定的信念及敏锐的市场洞察力，将是投资者最为宝贵的财富。

二、期货理财投资特点和策略

作为一种高风险、高收益的理财方式，期货投资的特点鲜明且策略多样。其核心在于"以小博大"，即在有限的本金基础上，通过杠杆效应追求高额回报，但同时意味着亏损可能同样迅速且巨大。因此，将损失降到最低，不仅是投资者的核心理念，也是必须精心策划并付诸实践的有效策略。

策略一：制订周密计划，特别是止损计划。

在期货市场中，生存是发展的前提。理财投资者需保持战略上的高度清醒，认识到风险无处不在。因此，在每次投资决策前，必须量身定制止损计划，明确何时退出以避免重大损失。这不仅是对市场风险的理性应对，也是投资者自我保护的重要手段。

策略二：精准把握时机，快速决策。

期货市场的机会瞬息万变，投资者须具备敏锐的市场洞察力和快速决策能力，通过深入分析时间因素、判断交易机会的大小与可行性，以及时把握并果断行动。同时，投资者需建立适合自己的"机会"标准，以应对市场信号的不确定性，提高交易成功率。

策略三：苦干加巧干，技术与心态并重。

成功的期货理财交易者既要有超凡的天赋和技巧，又需付出不懈的努力。他们不仅精通市场分析、技术操作等专业技能，更懂得如何调整心态和控制情绪。在复杂多变的市场环境中，保持平和的心态，理性分析市场，是持续盈利的关键。

策略四：心态管理，平和面对市场波动。

期货交易不仅是智力的较量，也是心理的博弈。理财投资者需学会控制自己的情绪，以平和的心态看待市场的起起落落。只有这样，才能在关键时刻保持冷静，做出正确的判断，避免为市场情绪所左右。

【理财感言】

期货投资既是一种挑战，也是一种机遇。它要求理财投资者具备高度的专业素养、敏锐的市场洞察力和良好的心理素质。在未来的投资道路上，投资者只有不断学习、积累经验和完善自我，才能在期货市场中立于不败之地，实现财富的稳健增长。同时，投资者也需铭记"以小博大"的本质，理性对待每一次投资机会，确保在追求高收益的同时，有效控制风险，实现财富的可持续增长。

思考题

1. 如何结合个人风险承受能力制定个性化的止损策略？

2. 在期货市场中，如何有效利用时间因素提高交易效率与成功率？

3. 如何平衡期货投资中的技术分析与心理管理，以实现长期盈利？

第八节　选择适合自己的理财之路

在新时代背景下，我们中国人对钱财的管理越来越讲究。过去大家可能更偏爱稳当的理财思路。比如，国债像老朋友一样可靠，而保险被称为理财界的"守护者"，近几年也逐渐被大家认可，成为家庭财务规划中的重要一员。至于股票、基金和期货这些更为"刺激"的选项，它们虽然收益可能诱人，但风险不小，得有点专业知识才能玩得转。而最基础的储蓄，就像家里的粮仓，稳当又贴心。

目前，金融市场上的理财产品多得让人眼花缭乱，从传统的储蓄、国债、股票、基金，到新兴的互联网金融产品、智能投顾产品，甚至数字货币，选择多到让人眼花缭乱。但要记住，不管选哪种产品，都得先考虑它是不是合法和安全，能不能灵活取用，能不能赚到钱。最重要的是得根据自己的实际情况来选择，别人说得再好，不适合你也是白搭。

一、选择适合自己的理财之路

我们得有好心态，别总想着天上掉馅饼，高收益往往伴随高风险。要想稳赚不赔，就得学会分散投资，别"把所有鸡蛋放在一个篮子里"。每个人的情况不同，有的人能承担高风险追求高收益，有的人则更看重保本。所以，别跟风，也别盲目，找到最适合自己的那条路。

比如，人民币汇率，它就像天气一样，说变就变。面对这种情况，我们得灵活应对。如果近期有大额消费计划，比如买房买车，那可以考虑把手里的外币换成人民币。如果资金暂时不需要使用，还是留点外币在手里，毕竟汇率的事情谁也说不准。

再如黄金，自古以来就是财富的象征，保值能力强。不过实物黄金不是每个人都能轻松拥有的，好在还有"纸黄金"，动动手指就能买卖，方便又安全。还有古董、字画等艺术品，如果个人喜欢又有眼光的话，也是不错的投资选择。但切记，这行水深，得谨慎行事。

理财其实没那么复杂，就像开车一样，掌握了基本的规则和技巧，开什么车都能上路。理财也一样，越早开始越好，哪怕现在收入不高也没关系。从定投基金开始，慢慢积累经验，提升眼光和判断力。但你要记住，理财是为了让生活更美好，别让它成为负担和损失之源。

二、投资者应掌握的基本理财原则

一是尽早开始理财规划。俗话说，早起的鸟儿有虫吃。理财并非富人的专属游戏，而是每个人都应尽早拥抱的生活方式，别再误以为是"先赚钱再理财"。实际上，合理规划财务能让你的每一分钱都发挥最大效用。早期开始理财，不仅能培养健康的金钱观，还能在时间价值和复利效应下，让你的财富稳步增长。

二是股票入门需谨慎，基金可能是良伴。面对股市的纷繁复杂，初学者往往感到迷茫，从定期定额投资基金起步可能是良策，这样可以让专业经理人为你打理资产，减少情绪波动。若你对基金不感兴趣，选择股票时也应偏向基本面稳健、行业龙头企业股票，避免盲目跟风冷门股。投资理财是一场马拉松，保持平和心态，长期持有是关键。

三是分散风险，稳健前行。无论市场如何波动，分散投资都是不变的真理。在追求高收益的同时，别忘了配置一些低风险产品，如保险和储蓄，为生活筑起一道安全网。特别是在不确定的时代，保险不仅是对未来的保障，也是对家人的责任体现。

四是量入为出，个性化理财。理财应与个人收入紧密相连，不同经济状况选择不同策略。资金有限时，可选择门槛低、潜力大的投资项目，如增值型理财产品；资金充裕时，则可考虑艺术品、房产等高端投资。重要的是，理财规划不能牺牲生活质量，要找到平衡点。

五是年龄分层，智慧理财。年龄是理财规划的重要参考，年轻人可适度承担风险，追求高收益，而随着年龄增长，应逐渐转向稳健型投资，确保退休生活的安稳。每个阶段都有不同的财务目标和风险承受能力，要注意灵活调整理财策略。

六是多元化布局，安全至上。在商品经济高度发达的今天，理财手段丰富多样。从传统的储蓄、保险到新兴的互联网金融、数字货币，每一种都有其独特魅力。但切记不要将所有资金集中在一处，多元化布局能有效降低风险。同时，时刻关注市场动态，确保投资决策的时效性和准确性。

【理财感言】

理财之路，道阻且长，但行则将至。找到适合自己的理财方式，持之以恒地执行，就能在时间的见证下，收获属于自己的财务自由。理财不仅是财富的增值，也是生活品质的提升和未来的保障。让我们携手并进，在理财的旅途中，遇见更好的自己。

思考题

1. 作为职场新人，如何根据自身经济状况和风险承受能力，制订合适的理财规划，以实现财富增长？

2. 在投资时，如何评估风险并找到风险与收益之间的最佳平衡点？

3. 在什么情况下应选择长期投资，什么情况下短期操作更合适？如何根据市场和个人情况灵活调整？

推荐书目

1. 《保险怎么买：北大宝妈的保险攻略》，高媛萍，中国经济出版社 2020 年版。

2. 《解读基金：我的投资观与实践》，季凯帆、康峰，中国经济出版社 2018 年版。

推荐电影

《银行家》（2020 年），乔治·诺非执导。

第五篇
规划好你的财富人生

　　人一生追求的就是要有安定富足的美好生活，从而得到精神和物质上的双重满足，然而这些需求都离不开金钱。我们的生活虽然离不开金钱基础，但在注重财富积累的同时，更要关注如何规划好一个更稳定和长远的财富人生。无论你现在处于人生的哪个阶段，毋庸置疑的是，人生的每个阶段，都应该加强个人理财规划。阶段不同，个人理财规划也要随之调整。其实，真正的理财，是帮助自己规划好财富人生，让你的整个人生更加幸福。

【阅读提示】

　　1. 了解理财的生命周期，遵纪守法克勤克俭，诚实"有道"赚钱。

　　2. 活到老学到老，不断更新理财知识，规划目标，配置资源。

　　3. 了解自身财务状况，定期进行财务评估和调整，保持理财健康持续发展。

第一节　遵纪守法为财富人生保驾护航

一、不义之财不能取

从道德上，不义之财指的是通过不正当手段获得的财富。在法律上，通过违法犯罪手段如盗窃、诈骗、抢劫等获得的钱，也属于不义之财的范畴，这些所得通常被称为"犯罪所得"或"违法所得"。根据我国《刑法》的相关规定，犯罪分子违法所得的一切财物，都应当予以追缴或者责令退赔。

贪小利售卡终食恶果[1]

2020年9月，小王经朋友介绍认识了收购银行卡的徐某，徐某告知小王其需要使用银行卡为赌博公司走账，于是小王用自己的身份信息办理了3张银行卡，并以每张500元的价格卖给了徐某。小王看到出售银行卡就能轻松赚钱，2020年10月，又先后多次将自己名下的5张银行卡以及收购的30余张银行卡同时附带U盾、手机卡、户主身份证照片，以每张1500元的价格卖给通过网络认识的收购银行卡的微信好友小林，获利4万余元。后诈骗犯罪团伙使用小王提供的银行卡接收和转移电信网络诈骗资金，金额累计880余万元。2021年4月，小王所在地人民检察院以小王犯帮助信息网络犯罪活动罪向当地人民法院提起公诉。最终小王被判处有期徒刑1年，并处罚金1万元；违法所得4万元，依法予以追缴，上缴国库。

然而，小王的损失远不止这些。在监狱组织的算清"三笔账"活

---

[1]　根据中国法律服务网案例库案例改编。

动中，小王算道：自己因无法正常工作而失去的收入有20余万元；而且无法履行家庭责任和义务，不仅给家人造成痛苦，还因犯罪行为与家人产生了情感隔阂；自己的行为一定程度上助长了电信网络诈骗案件的发生，给人民群众造成经济损失的同时也严重损害了社会诚信。

"助纣为虐"终获刑[1]

随着我国金融行业的飞速发展，国家对金融行业的大力支持，一些民间金融机构开始利用高额利息引诱公众，让公众以为在这些机构存款或所谓投资，能获取高额利润。很多人毫不犹豫地签订投资合同，一旦签上非法的合同，最后就会血本无归。2011年至2020年，郑某某（女，另案处理）以投资公司营运、银行过桥等业务为由，承诺按投资额1.5%~6%不等支付月利息，向200余名集资参与人非法集资70 000余万元，尚未归还集资金额16 000余万元。被告人小徐与郑某某系男女朋友关系，其明知郑某某向社会公众非法集资，仍先后多次将其名下的5张银行卡提供给郑某某用以收款转账。经审计，涉案五张银行卡收取资金共计1.8亿元，支出资金共计1.8亿元。案发后，小徐主动投案自首。

法院认为，被告人小徐违反国家金融管理法律规定，协助他人向社会不特定对象吸收资金，扰乱金融秩序，数额巨大，行为已构成非法吸收公众存款罪，公诉机关的指控成立。2022年3月，小徐因非法吸收公众存款罪定罪被判处有期徒刑2年6个月，缓期3年，并处罚金5万元。

若取不义之财，必将自尝苦果。一个人如果以违背社会公德和职业道德、损害他人利益的途径获取财富，他在道德上就会受到谴责，内心也会承受巨大的心理压力和负罪感。而且，取不义之财往往涉及违法犯罪行为。一旦被发现，必将面临法律的制裁，如罚款、监禁等。这种后果不仅是对个人自由的限制，更是对个人名誉和未来的巨大打击。此

---

[1] 根据中国法律服务网案例库案例改编。

外，取不义之财还可能引发连锁反应，导致个人生活陷入困境。例如，因贪婪而不择手段地获取财富，可能会破坏人际关系，导致朋友疏远、家庭破裂。

【理财感言】

获取不义之财，终将竹篮打水一场空，甚至付出更大的代价。这种不劳而获的心态还会削弱个人的奋斗精神和创造力，最终影响个人的成长与发展。因此，我们要坚守道德和法律底线，通过诚实劳动和合法经营来获取财富。只有这样，我们才能在享受财富带来的物质满足的同时，保持内心的平静和安宁。

二、诚实"有道"赚来的钱更安心

在这个快节奏又充满诱惑的时代，人人都渴望自己有钱、有地位，但如果你的财富和地位不是通过仁道的方式得来的，就不是君子所为。贫穷是没有人喜欢的，但要摆脱自己的这种困境，还是要用仁道的方式。因为只有通过自己的诚实努力获得的金钱才能够体现自己的价值和聪明才智，任何通过自己诚实努力得到的金钱都是值得他人尊重的！

黄某曾经因为受人教唆，参与抢劫获刑4年，在狱中的日子虽然痛苦难熬，但黄某还是积极表现，争取为自己获得减刑机会，并深刻反省自己以前所犯的错误。终于，在黄某个人努力和监狱民警的教育下，提前半年出狱。

或许对很多人来说，从监狱走出来的日子是很艰难的，他们往往因为受到排斥很难找到工作，致使他们的生活异常窘迫。黄某出狱后，也经历过这些不堪与屈辱，但他还是坚持要靠自己重新生活。

几经努力，黄某终于被一个工厂接收。在那里，黄某认真做好自己的本职工作，尽心尽力地比别人多做一些，虽然收入并不是很多，但黄某还是省吃俭用地攒下了一笔钱。后来他买了一辆三轮车，每天起早贪黑帮别人拉货。慢慢地，黄某因为自己肯努力，帮别人拉货很负责，得到周围人的认可，很多人有生意的时候，都会委托给黄某。两年后，黄某不但攒钱租下一间干净的房子，还置办了一些必要的生活用品，他把自己的地方收拾得干干净净，生活也步入正轨。谈起未来，黄某略带羞涩地笑了："生活已经张开怀抱接纳我了，我想以后再攒一些钱，换辆大点的货车，跑运输是我新生活的开始。以后，我也会把它当作自己的事业。"

从黄某的故事中，我们可以看出，一个人只要勤勤恳恳，用自己的劳动和诚实本分创造财富，就一定能够让自己的生活变得更加美满。依靠自己的勤劳和头脑获得更多的财富，也是一个人实现自我价值的重要途径。

自从金钱在这个世界上诞生的那一刻起，就让人既爱又恨。我们不能否认金钱的重要性，毕竟生活中的各个方面都离不开金钱，它是生活的物质基础，没有它其他的理想都是空谈。因此，很多人都将财富的积累作为自己一生的事业和奋斗的重要目标。向往拥有更多的金钱，这是无可厚非的，但在重视金钱的同时，也应该深刻地认识到孔子的话："君子爱财，取之有道。"一旦脱离仁道而去获取金钱，任何一个有正义感的人都不能去做。因此，无论是在仓促匆忙的时候，还是在颠沛流离的时候，对待金钱这个问题都要坚持仁道。

在儒家思想里，"君子爱财，取之有道"的"道"就是"仁道"，但如今的"道"有了更为广泛的意义，它代表正义、诚实、信用和合法等许多意思。一个人无论多么想致富，都要通过合法的手段，靠自己的辛勤劳动获得，而不是靠投机取巧、坑蒙拐骗，伤害别人达到目的。

人在社会上生活，想要生存下去离不开金钱。然而，生活中有些人过于看重金钱，却给自己的人生留下了无法弥补的遗憾。诚然，金钱虽然重要，但也要通过正确的渠道去获得。古往今来，我们一直都把

"君子爱财，取之有道"作为自己立身处世的准则，而且大部分人都能够靠自己的勤劳和智慧去创造属于自己的财富，过自己幸福平淡的生活。同时，有许多人对金钱有着更高一层的认识，在他们眼中，金钱不仅可以用来满足自己的生存需要，更重要的是，还能用来帮助别人生存下去。因此，我们会看到，很多人在获得足够的金钱之后，会毫不犹豫地把自己多余的财富贡献给社会，去帮助那些需要帮助的人。这不仅让金钱发挥了充分的作用，还表现了个人令人称赞的人格魅力。这其实是对"君子爱财，取之有道"更深一层的诠释。

【理财感言】

金钱是生活的必需品，但生活中有很多人将金钱看得过重，甚至作为人生的唯一目标，因此走上歧途，这是因为他们对金钱的认识太过狭隘造成的。虽然金钱能够给人们带来很多物质上的享受，但精神才是人们赖以存活的支柱。人一生其实不一定非要有多少财富，但一定要凭自己的本事去获得。如果你的金钱是靠不法手段获得的，那么心灵上一定会受到谴责，即使生活富足了，也不会得到快乐。因此，我们应正确地看待金钱，既承认金钱对人们的不可或缺性，同时也应该告诫自己和身边的人，哪怕是一分钱，也要赚得心安理得，只有这样才能感受到生活中的美好和快乐！

思考题

1. 为什么不义之财不能取？
2. 为什么诚实努力赚来的钱更安心？

第二节　不同人生阶段制定不同的财富目标

一、理财具有不同的生命周期

提到理财，人们首先想到的可能是"用钱生钱"，如何提高收益，其实这并不是理财的首要目的。资产的增值只是理财的小部分内容，理财的首要目的是通过合理的财务规划，确保我们现在和未来的生活幸福且平稳，尽量避免突发事件而导致生活出现大的波动。要做好理财规划，就要清楚地了解人生的大致阶段及每个阶段有什么特点，从而认识到理财也是具有生命周期的。

理财具有生命周期这一结论，其基础源于生命周期理论。该理论认为，人在一生中的不同阶段，收入水平是不一样的。通常，刚步入社会参加工作的青年人收入较低；进入中年阶段后，随着年龄和工作经验的增加，职务会提升，收入也随之提高；待步入老年退休以后，收入又会减少。但不管在什么阶段，人们的消费在收入中往往保持着一个固定的比例，即人们不愿意把收入都花费掉，总要有所节余，以备不时之需。

理财的生命周期一般可以分为单身期、家庭建立期、家庭成长期、家庭成熟期和养老期。

单身期是指参加工作至结婚前的时期，一般为 1—5 年。这段时间人们的收入比较低，消费支出大，但没有太大的家庭负担，精力旺盛。此阶段是全力探索社会、提升自身和投资自我的黄金时期。因此，应尽力寻找收入机会，广开财源，节约消费，避免高风险投资，并制定妥善的投资理财计划，为将来打好基础。这段时期的重点是提升自己的专业知识，培养未来获得财富的能力。在单身期，个人的财富状况表现为资产较少，甚至可能存在负债（如贷款、父母借款），导致净资产为负。

家庭建立期是指从结婚到新生儿诞生的时期，一般为 1—5 年，是家庭消费的主要阶段。在这个阶段，经济收入增加而且生活稳定，家庭已经积累了一定的经济基础。但是，为了提高生活质量，家庭往往需要承担较大的建设支出，如购买一些较高档的用品，贷款买房的家庭还需承担一笔较大的月供款支出。

家庭成长期是指从孩子出生到接受完教育、参加工作为止的这段时间，一般为 20 年左右，可分成两个时段。一是家庭成长初期，即新生儿诞生到九年义务教育结束，此时由于家庭人口增加，生活费用大增；二是家庭成长后期，即子女进入高中、大学直到参加工作，此时子女教育费用猛增，且子女生活费用也大幅上升。

家庭成熟期是指子女参加工作后到自己退休的这段时间，一般为 10 年左右。这个时期是家庭的巅峰时期，子女已完全自立，父母的工作能力、工作经验、经济状况都达到顶峰，精力也比较充沛。

养老期是指从退休到安度晚年这段时期。通常在 60 岁以后。退休以后，通过前期的妥善安排，可以利用退休金安度晚年生活。此时，儿女已经成家，老人可以享受天伦之乐。

生命周期理论是理财规划的基础，根据生命周期理论可以发现理财的生命周期。个人可以据此定位自己所处的阶段，并根据所处阶段做出合理的理财安排。当然，每个人理财经历并不完全一样，有些人的情况可能与生命周期理论完全吻合，而有些人则可能存在差异。生命周期理论只能作为一个参考，合理的财务安排要根据个人实际情况灵活制定。

【理财感言】

理财就像生活，不同阶段有不同的重点，跟人生轨迹一样呈现出周期性。大富大贵是极少数人才能达到的状态。对普通人来说，能够达到财富一生的动态平衡就已经是十分不错的事情了。理财就是理人生，生儿育女，养家糊口，从大的人生时间节点上看，我们的一生其实都差不多。因此重要的是，要根据我们所处的人生阶段，进行相应的理财规划，做出最正确的人生选择。

二、不同人生阶段的财富规划

理财是一项伴随人一生的系统工程，而在我们所处的每个阶段，采取适合自己的理财策略，无疑是我们通往人生幸福的重要途径。在人生的每个阶段，人们的财务状况、获取收入的能力、财务需求与生活重心等各不相同。在不同的生命周期阶段，个人或家庭的理财观念和理财策略也不尽相同。

单身期一般没有太大的家庭负担，精力旺盛，因为要为未来的家庭积累资金，所以理财的重点是要努力寻找一份高薪工作，打好理财基础。同时，不妨拿出小部分资金进行高风险投资，以此积累投资理财的经验。在保险方面，由于此时经济负担较轻，年轻人的保费又相对较低，可为自己买一些定期寿险或意外伤害保险，以减轻因意外导致的收入减少或经济负担加重的风险。该时期理财的优先顺序为：节财计划→资产增值计划→应急基金→购置住房。

家庭建立期是家庭的主要消费期，因此理财的主要内容是合理安排家庭建设的支出。如果家庭有余钱，可以适当进行投资。鉴于财力尚不够强大，建议选择安全的投资理财方式，如储蓄和债券等。另外，为防止家庭经济支柱因意外而导致房屋月供中断，一定要拨出一部分资金为其投保，可以选择缴费较少的定期寿险、意外伤害保险、健康保险等。该时期理财的优先顺序为：购置住房→购置大件→节财计划→应急基金。

家庭成长期阶段子女的教育费用和生活费用猛增，财务上的负担通常比较繁重，但得益于前期的财富积累和投资经验，此时可以建立多元化的投资组合，如房产投资、股票投资、基金投资以及一些低风险的投资产品。在保险需求上，除寿险外，还应该考虑健康保险、财产保险和养老保险。该时期理财的优先顺序为：子女教育规划→债务计划→资产增值规划→养老规划。

在家庭成熟期，由于自身的工作能力、经济状况都达到顶峰状态，子女已完全自立，财富积累迅速。本时期理财的重点是扩大投资，但不宜过多选择风险投资的方式。此外，还要存储一笔养老资金。在保险方面，应该综合考虑健康险、寿险。该时期理财的优先顺序为：资产增值管理→养老规划→特殊目标规划→应急基金。

养老期人生的主要目的是安度晚年，理财原则是身体、精神第一，财富第二。那些不富裕的家庭应合理安排晚年医疗、保健、娱乐、健身、旅游等开支，投资和花费有必要更为保守。因此，可以带来固定收入的资产应优先考虑，保本在这个时期比什么都重要，最好不要进行新的投资，尤其是风险较高的投资。

【理财感言】

总之，人的一生，消费是相对稳定地贯穿始终的，而收入与支出却有较大的波动性。因此，把握好个人和家庭不同时期的特点，把握好理财的生命周期，合理地分配家庭收入，以实现消费的稳定性，这样才能做到既可保证生活需求，又使节余的资金保值和增值。

思考题

1. 什么是生命周期理论？
2. 理财的生命周期包含哪几个阶段？
3. 请根据你当前所处的阶段尝试制订相应的理财计划。

第三节　克勤克俭为财富人生添砖加瓦

一、勤俭是积累财富的必经之路

我国有句俗语："勤俭永不穷，坐吃山也空！"一个勤劳、简朴的人是不可能让自己出现温饱问题的。而那些富有、成功的人也必定是通过勤劳来实现自己人生梦想的。懒惰的人只能坐吃山空，而勤劳的人往往能够发家致富。

她是一个没有读过一天书，只会写自己名字的农村妇女。但就是这样一个农村妇女，在没有任何外力的帮助之下，白手起家，不辞艰辛劳苦，在短短6年的时间里，创办了一家资产达到十几亿元的私营大型企业。创造这样有名产业的农村妇女当年已经51岁了，但如今仍在坚持自己的创业之路。她的名字叫陶华碧，说起这个名字大家可能并不熟悉，但提起她的"老干妈麻辣酱"，却是人人知晓。每每提起"老干妈麻辣酱"时，人们总是赞不绝口，有的人更是每餐都离不开它。

要发展企业，没有文化肯定是不行的，但对于这位不识大字的农村妇女，是如何创办企业和管理生产的员工，最终将企业发展成拥有强大规模的呢？

陶华碧出生在农村，对许多东西都一无所知。由于从小家中就比较贫困，她没有读过一天书。这个没有文化的农村人，为了生存，从小就去打工，在外面摆地摊。这样的生活非常艰苦，还要照顾家中的亲人，每个月积攒下来的钱都用来补贴家用。这样的日子持续了很久，她想不能总是这样，要做点什么。陶华碧就省吃俭用积攒下来一些钱，用平时四处捡来的砖头，亲手盖起了一间房子，开了一个简陋的餐厅，取名叫"实惠餐厅"，专门卖一些凉粉和冷面之类的小吃。她本来就非常勤奋，喜欢自己亲手制作一些食品、酱汁之类的配料。为了使自己的冷面更好吃，她特地制作了麻辣酱，作为专门拌凉面的一种佐料。没想到，麻辣酱一推出，她的生意异常火爆。

有一天早上，陶华碧起床之后感觉到头晕，非常不舒服，就没有到菜市场去买辣椒。谁知当顾客来吃饭时，一听说没有麻辣酱，二话不说，转身就走。她感到特别奇怪，十分不理解。她想：为什么会这样呢？难道来这里吃饭的顾客不喜欢我的凉面，而是喜欢吃我制作的麻辣酱？

这件事情对陶华碧的影响非常大。机灵的她看准麻辣酱的潜力，决定运用麻辣酱来开创自己的事业。从这之后，她就更加对自己的麻辣酱有信心，开始潜心钻研自己的麻辣酱，想着怎样才能够制作出独特的风味。她一边实验制作麻辣酱，一边经营自己的凉粉店，把制作出的麻辣酱介绍给顾客们品尝。这中间她也遇到过很多麻烦，但怎样才能够制作出独特又符合群众口味的产品呢？她决定把自己的面店交给熟悉的人来经营，自己则开始研制麻辣酱。她不断地向人们介绍，想方设法地把自己的麻辣酱推广出去。虽然过程中充满了艰辛，人们甚至把她当成骗子，但她依然没有放弃，始终坚持自己的信念。久而久之，越来越多的人开始喜欢吃她制作的麻辣酱。

经过几年的时间，她的麻辣酱规模也越来越大，开始在市面上不断地销售。到1997年8月，贵阳南明老干妈风味食品有限责任公司正式挂牌。公司成立之后，工人一下子增加到 200 多人。

现在，对陶华碧来说，问题不在生产方面，而是在管理方面。因为她根本就没有读过书，不懂得怎样来管理，但她明白一个道理，即帮一个人的话，会感动很多人；而关心更多的人，肯定能够感动整个集体。她就是运用这个信念来管理企业的。而这个信念也没有让她失望，这种亲情化的管理方式让企业和员工的凝聚力日益加强。在员工心目之中，陶华碧就像妈妈一样和蔼可亲。在公司里面，没有人叫她董事长，都是叫她"老干妈"。

正是秉持着这份信念，到 2000 年年末，她只用了 3 年时间，就使"老干妈"公司实现了迅速发展，员工发展到 1200 多人，产值也接近 3 亿元。而如今，她的公司市值已达到百亿元以上的规模。

陶华碧的创业故事说明，其实在很多人的心里，往往存在一种固有观念，认为一个人之所以能够创造出亿万元的家产，肯定是因为其拥有丰厚的家底或者是具备高于常人的学历和知识。他们相信，致富必须靠学识、机会、实力这些因素。

然而当年陶华碧创办"老干妈"时拥有什么呢？陶华碧的丈夫早年去世，剩下孤儿寡母靠摆地摊为生，哪里有什么实力呢？要说靠知识，陶华碧从小家境贫寒，根本就没有读过一天书，就更别说是在外国深造，她甚至连在外面工厂打工人员的学历都没有。她能够把自己的事业发展成为大型的私营企业，抓住的不过是买卖凉粉时，拌凉粉的麻辣酱的机会。她虽然没有专业知识，但是她做到了，依靠的仅是一个农民朴实的本质和勤劳苦干的精神。她不会阐述那些所谓的大道理，所以她只有按照自己做人的原则来经营。她自己不懂经营，但可以让自己的亲人来帮助，大胆地请一些专业管理人员来管理，进行培训。这样只会写自己名字的陶华碧，用自己的艰辛一步步地走向创业成功，用自己的勤劳苦干获得财富，用自己的经营方式把产业发展得越来越大，让"老干妈"成为奇迹，而不是遥远的神话。

【理财感言】

在现实社会中，我们时时刻刻都想着发财致富，想要过上好生活。而获得财富最好的途径无疑就是辛勤的劳动，这是最原始、最基础的财富之路。只有通过辛勤劳动我们才能够感觉到获得财富的幸福和喜悦，真正感觉到财富是多么有价值。通过辛勤劳动得来的一切都是付出所得的回报，更应该被我们珍惜。很多人想运用一些非法的手段来获取财富，但他们不知道那样的财富只会带来心中的不安。因此，在我们用辛勤努力获取财富的同时更应该树立起理财的意识，毕竟钱财来之不易。

二、"理"出来的财富人生

萧伯纳曾说过："每一个以亿为单位的数字背后，除了艰辛的创业史之外，还有自成体系的理财方式。其实世界上没有传奇，只有为传奇而付出的努力。其实赚一亿并不难，难的是让理财方式适合自己！"

每个人都想拥有财富，但很多人拥有之后却不知道如何保障自己的财富。"财"不仅是人生存的资本，更是精神生活的保障，无论是穷人还是富人，都不能忽视理财。社会经济在不断地发展，大到国家，小到个人，都能感受到前所未有的繁荣景象，人们的生活水平也在不断地提高，更多的人为了生活而拼搏，不停地工作来获得财富，却在不经意间耗费了宝贵的青春时光。人们想要储备钱财，能够安度晚年，然而通货膨胀却持续影响着社会经济市场，不断压缩金钱的购买力。他们发现，那些所谓的储备钱财只能够维持当前的生活而已，这正是因为他们缺乏正确的理财观念和足够的重视。

　　我们每天不辞劳苦地工作，为的就是能够让生活有保障。可是我们每天在不停地赚钱时，是否想过要理财？财富对于我们来说，确实可以提高生活标准，改变以前的生活状态，但我们也要知道，财富只是改变了生活的外在条件，只有合理的理财，才能够拥有真正的财富。其实在这个世界上，有些人能轻松地获取财富，如中奖者。但80%的中奖者会在一年之内花光所有的奖金，因为他们没有理财的观念和意识。在这个世界上，不乏有人辛苦一辈子积攒的财富，在一夜之间化为乌有，正是因为他们不懂得理财。有的华侨在外国辛苦打拼一辈子，把毕生的积蓄存入某家银行，不料遭遇了银行的破产。如果按照当地的法律，政府只保护10万美元以内的存款，其余部分则化为乌有。还有些人在世时富甲一方，但去世后遗产税负担沉重，子女甚至无力支付遗产税，不得不放弃继承这些遗产。因此，只有树立正确的理财观念和意识，才能保障我们的财产。

　　在这个社会中，每个人都会有自己的理想，可有多少人能够实现自己的理想呢？一想到在社会之中生存，那些来自生活的负担，我们就不得不先把自己的梦想放到一边。如果我们有足够的金钱，就可以不用管任何事情，做自己喜欢的事情。罗伯特·清崎在47岁的时候就宣布提前退休，他可以不需要工作，但照样有足够的金钱来保持之前的生活水平。在这种情况之下，他可以有更多时间做自己喜欢做的事情，不用考虑金钱问题。他所有的一切财富积累，都离不开"理财"二字。因此，理财更有助于我们获得有品质的生活，来实现自己的人生理想。

　　每一个人都会步入晚年，也都会有无法再辛勤劳作的时候。要怎样来安度自己的晚年，是每个人都需要面对的问题。如今，人的寿命普遍较长，有的可能会活到80岁甚至100岁。而且，现在的家庭基本上是独生子女，要是让一对夫妻来赡养4位老人，这确实是有点不现实。首先，父母都不想给儿女们增加负担和麻烦；其次，即使儿女有赡养老人的孝心，他们在精力和财力上也都能力有限。在退休以后，收入一般会减少，再加上年迈之人到了一定年纪都会有疾病和想要享受生活等多种原因，会有相应的额外支出。在这种情况之下，想要有一个幸福晚年的话，自己就要在年轻时多做打算，树立正确的理财观念，多为自己留点积蓄，为自己的晚年积累足够的财富，这样才能够满足养老的需要。

　　也有一些人认为，自己根本用不着理财，也不会把每个月的钱全部花完，有时还能剩余一些，因此不需要理财。这是一种错误的观点，无论你的生活是否富足，都有理财的必要性。在当今社会，无人能确保一帆风顺，唯有通过合理理财，才能增强你及家人应对意外的能力，持续提升生活质量。还有一些人认为，会理财不如会挣钱，觉得自己的收入相对不错，会不会理财无关紧要。千万不要抱有这种想法，要知道理财的能力和挣钱的能力是相对的，一个有高收入的人更应该有好的方法来打理自己的财产。要知道暂时的收入只是物质生活的保障，只有合理理财，才能够让我们获得美丽的财富人生！

【理财感言】

　　财富的积累只是一个过程，但理财可以帮助我们更好地享受人生。在我们创造富裕生活的过程之中，从无到有，从少到多，都是我们积累财富的一个增长点。但人生之中追求的东西繁多，我们往往注重财富的积累，却忽视了如何正确地树立人生理财的规划，这就会影响我们未来的生活。对于理财要有正确的认识，只懂得赚钱而不懂得理财，到最后仍会感觉赚的钱财不够用。因此，从现在就开始为以后的理财做好准备吧！

思考题

1. 如何养成勤俭的好习惯？
2. 如何收获美丽的财富人生？

第四节　终身学习提高理财素质

一、理财者要活到老学到老

我国有句俗语，活到老学到老。提高理财素质是永无止境的，人的一生都要不停地学习。在消除贫困和全面实现小康生活和共同富裕的过程中，人们的理财观念越来越强，但很多投资理财者依旧碌碌无为，理财中的资产不仅没增多反而变少。如果想要成为一名优秀的投资理财者，就必须找到和避开自己存在理财误区的根源，不断持续学习，提高自身的理财素质，以下是四个原则性建议。

首先，多用脑思考，不要被表象所迷惑。一般人在做理财决策的时候，95%是靠眼睛，仅有5%是靠头脑。例如，在股票市场上，很多人喜欢追热门股票，看到某只股票大涨就会有很多人去买，于是自己跟风购买，觉得跟着大部队肯定没错；还有一些人喜欢直接问结果，让别人给自己推荐股票或其他投资品种，然后认为高手的推荐肯定没问题。这些都是懒于思考的表现。

要成为一名优秀的长期投资理财者，就应该要训练自己，用眼睛看事物的5%，用头脑看剩余的95%。当我们面对理财市场的喧嚣时，反而要静下心来思考，不因别人的疯狂而自乱阵脚。当我们得到一个理财建议时，不应该只是简单地认同或者否定，而是应该多学习，多去了解这项理财建议背后的策略是什么？这样的策略有没有道理？很多人之所以在理财方面出现亏损，就是因为他们不喜欢学习和思考，而只是喜欢听从那些看上去很专业，但实际上对理财一窍不通的人的建议。

投资专业人士的建议我们还是要听的，但我们不能盲从，而是要了解他们思考问题的方式和背后的原理到底是什么，然后再总结出适合自己的投资决策。总之，就是要多用脑，多思考。

其次，了解投资理财世界的语言。不同的知识领域存在大量的专业语言。例如，你去医院看病，医生可能说你的血压高压是120，低压是80，如果不懂医学语言，你就无法从这些数字当中了解到自己的健康状况。同时，血压也只是一个单点的信息，为了完整反映你的健康状况，就需要获取更多的身体方面的信息。

同样，如果你不懂投资理财的专业语言，你就无法解读理财方面的资讯。比如某只股票的市盈率是12，某套房产的投资回报率是8%，这些资讯意味着什么？我们还要获取哪些资讯才能够更加全面地了解这些理财项目？这些都是值得我们深入思考的。

为了提高理财素质，我们应该多学习理财专业知识，如阅读理财相关书籍、观看理财教育片、跟富有理财经验的人多交流学习等，尝试让自己了解更多投资理财世界的专业语言。理财能力实际上是源于我们对理财专业语言及其所表现出来的数字的理解，理解能力往往就代表你的理财能力。

再次，正确认识风险。我们经常听到的一句话是"理财有风险！"缺乏理财知识和经验可能会增加投资风险。这就像开飞机，如果你通过不断学习掌握飞行的相关知识，并拥有几年的飞行经验，那么开飞机对你来说就充满着乐趣。但如果你完全没有学习过飞行知识，也没有任何飞行经验，那么开飞机对你来说就有巨大的风险。与其胡乱尝试，不如把驾驶舱交给更有经验的人。理财同样如此，通过不断学习，掌握大量理财知识，那么理财对你来说就会不断充满乐趣。

最后，正确认识资产和负债。资产和负债这两个概念在理财中至关重要。所谓资产是把钱放进你口袋里的东西，负债是把钱从你口袋里取走的东西。虽然这句话很简单，但是要真正理解其中的深意并且贯彻到自己的实际理财当中，还是有一定难度的。比如要回答房产是不是资产这个问题时要格外的谨慎，因为只有真正帮你赚钱的房产才是资产。

以上四点就是理财者需要通过长期学习应该具备的理财素质。总体来说，要想成为一名优秀的理财者，我们就要不断学习，不断提升自身对理财的判断力，认清投资理财世界的语言和规则，正确认识理财风险，算清理财过程中产生的资产和负债。就像《富爸爸穷爸爸》所说的那样："如果想让钱涌到你那里去，你就必须知道如何照顾它。"

【理财感言】

诚实"有道"地努力赚钱是生活的基础，但学会理财和规划未来同样重要，理财素质提升的过程也是不断学习的过程。通过持续学习，我们可以更好地保护自己的财富，为未来的生活打下更加坚实的基础，只有这样我们才能在理财的道路上走得更远。

二、理财知识要与时俱进

随着社会经济的不断发展，特别是移动支付、线上支付和数字经济等社会大潮的不断更新，我们的财富逐步增多，理财意识更加主动，理财需求也出现爆发式增长。然而，我们有理财需求也要能够掌握一定的理财知识。这就要求我们学习最新的理财相关知识，不断与时俱进，具备相关理财技能，从而满足我们的理财需求。

随着现在理财市场的发展、新的理财工具的出现和经济环境的变化，理财策略和方法也在不断更新。理财知识与时俱进的方法有很多，以下是近期比较流行的方法。

一是阅读最新的财经新闻和报告。定期关注财经新闻、金融网站及投资报告，了解市场动态和趋势。

二是学习新的投资工具。新的金融产品和工具不断出现，如加密货币等，学习这些新工具可以帮助你拓展投资视野。

三是参加理财课程和讲座。参加在线或线下的理财课程、讲座和研讨会，不仅可以学习新知识，还能与其他投资者交流经验。

四是关注专家意见。关注金融专家、经济学家的观点和分析，可以帮助你更好地理解市场变化。

五是使用理财软件和应用。许多理财软件和应用提供市场分析、投资建议和资产管理功能，可以帮助你更高效地管理财务。

六是定期回顾和调整投资组合。根据市场变化和个人财务目标，定期检查和调整你的投资组合，以确保风险和收益的平衡。

通过这些方法，我们可以不断更新自己的理财知识，更好地应对不断变化的理财环境。唯有持续地学习、适应与创新，我们的财富才能稳步增长，才能在时代的浪潮中乘帆远航，享受理财带来的成果与乐趣。

【理财感言】

不断学习理财知识最根本的目的是让我们深刻理解金钱的本质，树立正确的财富观和价值观；懂得财富是如何创造出来的，明确哪些钱能赚、哪些钱不能赚，哪些钱能花、哪些钱不能花；懂得如何支配财富，如何花钱才最有效果、最有价值。更重要的是，我们要超越对金钱本身的盲目追求，运用经济学的思维模式思考理财问题，规划目标，配置资源，实现生活与财务的最优化效率。

思考题

1. 你认为必备的理财素养有哪些？
2. 理财知识如何与时俱进？

第五节　定期进行财务评估和调整

一、了解你的财务状况

我们想要进行理财之前，首先要对我们的财务状况进行自我审视，认清自己现在的财务状况究竟如何。了解自己的财务状况是理财的基础，掌握个人的财务状况可以帮助我们制订合理的理财计划，实现财务目标。

小张是一个二线城市的普通白领，未婚。同大多数年轻人一样，爱交朋友、好玩，但与同龄人相比，性格中多了一份沉稳和内敛。正因如此，小张工作两年多居然积攒下 20 多万元存款。他的家庭状况较宽裕，无任何生活负担，月收入 1 万元，月开支情况如下：娱乐健身费 1200元；交通费 300 元；通信费 200 元；旅游消费月均 250 元；上交家人2500 元。现有银行定期存款 16 万元，并已参与社会保险，无任何投资经验。风险偏好：性格较沉稳，属理智型投资者，不愿冒高风险，但也希望尝试投资。

小张的目标是希望近期购置按揭住房一处，首付+装修约花费 10 万元；购置小轿车一辆，价值 10 万元以内。

理财规划师通过与小张多次交谈后发现，他虽年纪不大，但谈吐斯文、行为举止颇为老成、不奢华浪费，是一位有抱负的上进青年。理财师将小张个人财务状况情况总结如下：

小张的月收支情况为，月收入：1 万元；月支出：1200+300+200+250+2500＝4450 元；月盈余：约 5000 元；现有存款：16 万元（定期存款）。

理财规划师通过对小张个人财务状况的分析，发现他目前财务状况的主要问题有以下几点：一是缺乏全面的保险保障；二是储蓄品种过于单一，缺少有效的投资；三是单身期，急需资本积累满足未来生活需要。

理财规划师认为小张未来的主要任务是在建立全面的保险保障、解决后顾之忧的同时，实现资本的积累，逐步完成购房、购车、结婚、安家、养老等人生目标。

理财规划师认为，未来2—5年对小张来讲，无论是在事业上还是生活上都是最重要的时期，变数大、开销大，所以理财规划的主要目标应放在：在充分保证流动性的基础上实现资金的保值增值，尽量避免片面追求高利润的风险投资。因此，在投资品种的选择上，应着重于稳定增长并具有一定的流动性的品种，尽量避免风险较大（如股票）或变现较难的中长期投资品种（如3—5年期的国库券）。[1]

小张的故事说明，了解我们的财务状况对理财是至关重要的。以下是了解我们财务状况的一些步骤，可以帮助我们更好地了解和管理财务状况，并制定适合自己的理财策略。

一是评估收入。要记录所有收入来源，包括工资、奖金、理财收益、租金收入等。同时我们要了解税后收入，也就是所有收入扣除完税收后，剩下的确定实际可支配的收入。

二是分析支出。要追踪我们日常的支出，可以使用记账软件或应用程序记录日常开销，开销可以分为固定支出（如房租、水电）和可变支出（如购物、娱乐）。要识别我们的消费习惯，分析哪些支出是必要的，哪些支出可以削减或优化。

三是计算净资产。首先要列出我们现有的资产，包括现金、储蓄账户、投资、房产和汽车等。其次要列出我们现在的负债，包括信用卡债务、贷款和抵押等。最后根据净资产公式：净资产=总资产−总负债，

---

〔1〕《25周岁年轻一代的理财案例》，载 https://m.ccb.com/jsp/ccbcom/mobile/mobile_ financeproduct_ ggInfo.jsp？infoID=229481，最后访问日期：2024年9月18日。

我们就可以计算出自己的净资产。

四是建立预算。我们要学会制订财务的预算计划，根据收入和支出情况，制订每月或每季度的预算计划，并根据预算计划来设置储蓄目标，每月可以预留一定比例的收入作为储蓄或理财资本。

五是设定财务目标。财务目标可以分为长期目标和短期目标。短期目标如旅行、购买电子产品等，通常在一年内可以实现。而中长期目标如购房、子女教育基金、退休计划等，是需要长时间才能完成的目标。

六是定期评估和调整。我们要定期评估和审查自己的财务状况，比如每季度或每年回顾我们的财务状况，评估目标实现情况，并根据评估结果、生活变化或市场状况灵活调整预算和投资策略。

七是咨询专业人士。财务顾问等专业人士是了解我们财务状况的重要人选，我们可以通过咨询财务顾问获取专业建议，优化财务管理和理财决策。

【理财感言】

在现代社会中，个人财务状况对于每个人来说都是非常重要的，直接影响着我们的生活质量、未来规划和心理健康。了解如何评估和调整我们的财务状况可以帮助我们保持财务稳定和健康，避免过度消费和借贷，实现财务自由和生活目标。

二、保持财务健康

一个人身体的好坏，可以用身体健康程度来评估，财务也是如此，于是有了财务健康这一概念。财务健康指的是一个人在财务管理和规划方面处于稳定和可持续的状态，不仅包括收入和支出的平衡，还涉及储蓄、投资、债务管理以及应对突发财务状况的能力。保持财务健康涉及以下多个方面。

一是收入的稳定性。我们要使收入来源多元化，避免仅依赖单一收入来源，增强收入的稳定性。

二是职业发展和提升。我们要提升技能和资历，不断学习来增加未来收入的潜力。

三是管理我们的支出。制定并遵循预算，确保我们日常支出在收入范围内，识别并削减不必要的开支，将资金用于更有意义的地方。

四是学会储蓄与投资。我们要建立起 3—6 个月生活开支的紧急储备金，用来应对突发事件。同时，要建立起长期的储蓄与投资，向储蓄账户和投资账户中存入资金，以实现长期财务目标，如退休和购房等。在建立储蓄和投资的时候，务必关注自己的债务情况，确保债务在可控范围内，并按时偿还贷款和信用卡账单，以维护良好的信用记录，避免过度负债。

五是设立财务目标，并进行风险管理。我们应该设定短期和长期财务目标，并定期评估其进展，根据评估结果及时调整策略，确保我们有明确的方向和动力。同时，我们应该使用多元化的投资理财手段，并配备适当的保险（如健康、意外和寿险等）来降低理财风险。

【理财感言】

财务健康是个人理财决策的基石，不仅关系理财的安全性，还影响着理财收益的稳定性。因此，定期对财务状况进行评估和调整，确保财务状况持续健康，是规划好我们财富人生的关键一步。为此，我们要深刻理解财务健康对理财安全的重要性，这样才会有助于我们在财富人生中稳健前行，实现长远发展。

思考题

1. 请你分析一下你的财务状况。

2. 财务健康的指标有哪些？

3. 如何拥有一个健康的财务状况？

推荐书目

1. 《小狗钱钱2》，博多·舍费尔著，王景楠译，南海出版公司2001年版。

2. 《财富自由：思维、方法和道路》，连山，中国华侨出版社2019年版。

3. 《富爸爸穷爸爸》，罗伯特·清崎著，萧明译，四川人民出版社2019年版。

4. 《财务幸福简明指南》，乔纳森·克莱门茨著，黄凡译，东方出版中心2020年版。

推荐电影

《大创业家》（2016年），约翰·李·汉考克执导。

附　录

理财中的常见陷阱有很多，了解这些陷阱可以帮助我们避免犯错并做出更明智的财务决策。以下是一些主要的理财陷阱及其解释：

缺乏计划

- 描述：没有明确的财务目标和计划。
- 影响：可能导致随意消费，难以实现长期目标。
- 对策：设定短期和长期目标，并制订相应的财务计划。

过度消费

- 描述：花费超过收入或超出预算。
- 影响：积累债务，降低生活质量。
- 对策：制定预算并坚持执行，避免冲动购物。

忽视紧急基金

- 描述：不设立或维持紧急基金。
- 影响：遇到突发事件时可能需要借贷或出售资产。
- 对策：建立至少能覆盖3—6个月生活费用的紧急基金。

高利贷债务

- 描述：使用信用卡或其他高利率贷款。
- 影响：高额利息会迅速增加债务负担。
- 对策：尽可能使用低利率的贷款产品，并尽快还清高利贷债务。

投资不当

- 描述：盲目跟风或者选择不适合自己的投资产品。

- 影响：可能导致投资损失。
- 对策：进行充分的研究，了解自己的风险承受能力，并寻求专业人士的意见。

忽略复利的力量

- 描述：不了解或低估了复利的作用。
- 影响：错过了通过复利增长财富的机会。
- 对策：尽早开始投资，利用复利效应。

过分保守或冒险

- 描述：过于保守可能错过增长机会；过于冒险则可能面临重大损失。
- 影响：无法平衡风险与回报。
- 对策：根据自己的年龄、收入水平和风险偏好制定合理的投资策略。

信息不足

- 描述：没有足够的知识去理解复杂的金融产品。
- 影响：可能会被误导或做出错误的选择。
- 对策：持续学习金融知识，必要时咨询专业顾问。

退休准备不足

- 描述：没有为退休做好充足的准备。
- 影响：退休后生活质量下降。
- 对策：尽早开始为退休储蓄，并考虑多种退休收入来源。

忽视税务规划

- 描述：不了解税务规则或未充分利用税收优惠。
- 影响：支付不必要的高额税费。
- 对策：了解税务政策，合理规划以减少税负。

了解并规避这些理财陷阱是实现财务安全和增长的关键。每个人的情况不同，因此在采取具体行动之前，最好根据个人情况做适当的调整。